中国儿童数学百科全书

CHILDREN'S ENCYCLOPEDIA OF MATHEMATICS

《中国儿童数学百科全书》编委会 编著

中国大百科全书出版社

图书在版编目（ＣＩＰ）数据

中国儿童数学百科全书／《中国儿童数学百科全书
》编委会编著. -- 2版. -- 北京：中国大百科全书出版
社，2022.10
　　ISBN 978-7-5202-1212-0

　　Ⅰ．①中… Ⅱ．①中… Ⅲ．①数学－儿童读物 Ⅳ.
①O1-49

　　中国版本图书馆CIP数据核字（2022）第167518号

中国儿童
数学百科全书

CHILDREN'S ENCYCLOPEDIA OF MATHEMATICS

中国大百科全书出版社出版发行

（北京阜成门北大街 17 号　电话 010-68363547 邮政编码 100037）

http://www.ecph.com.cn

北京瑞禾彩色印刷有限公司印制

新华书店经销

开本：635毫米×965毫米　1/8　印张：30.5

2022年10月第2版　　2022年10月第1次印刷

ISBN 978-7-5202-1212-0

定价：198.00元

数学真好玩！

先有鸡，还是先有蛋？白马是不是马？自行车轱辘为什么用圆的，不用方的？上学前的事情怎样安排？谁是疑犯，谁是真凶？冬天猫睡觉的时候，为什么总把身体蜷曲成一个球儿？生活中有很多这样的问题，而这些问题里面蕴含着丰富的数学原理、数学思维与数学逻辑。甚至，我们日常玩儿的许多玩具或游戏，也离不开数学。

数学好玩，教你玩转骗人的转盘；数学奇妙，让你料事如神，助你变成一个大侦探；数学大胆，激发你的想象，使你勇于探索、发现……

你准备好了吗？我们一起玩转数学吧！

—— 编者的话

本书轻松读

亲爱的小读者们好！你们打开本书时，会惊喜地发现，这是一部好看、好玩而又内容丰富的数学百科全书。它将引领你们在数学王国中漫步，让你们了解数学的昨天、今天和明天，尽情享受数学之美、数学之妙，数学之趣，轻松愉快地学习数学、掌握数学、玩转数学！

这是篇章页：篇章页提示你本章讲什么。

这是知识类别

我们把相近或相关的知识放在相同的类别中，你可以按照自己的习惯和兴趣进行阅读。

这是知识主题及概述

在每个知识类别中，我们选取了若干知识主题，每个主题有一段文字介绍，以概述这个主题主要介绍的内容。一般每个知识主题有一个或多个展开页。所有的知识点都围绕这个主题呈现在展开页中。

这是知识点

知识点是全书知识内容的最基本单元。每一个知识点都相对完整地讲述一个知识内容，告诉你它是什么，为什么是这样的，以及结果。

这是数学万花筒

数学万花筒是知识互动板块。这里有各种各样有意思的知识。

玩转数学
WANZHUAN SHUXUE

有用的思维模式

思维模式很有用，它是思维借以实现的形式，包括判断、推理、证明等。在具体思维中，思维模式和思维内容总是结合在一起的，但又有相对的独立性，所以，思维模式也被抽出来作为逻辑学的研究对象。常用的思维模式有形象思维、抽象思维和灵感思维等。这些思维模式运用于数学领域，可以帮助我们看透事物的本质，解决生产、生活中的多种问题。

生活中的形象思维

形象思维

形象思维是以直观形象和表象为支柱的思维过程。作家塑造一个典型的文学人物形象，画家创作一幅图画，都要在头脑里先构思出这个人物或这幅图画的画面，这种构思的过程是以具体形象为素材的，所以叫形象思维。

形象思维并不仅仅属于艺术家，它也是科学家进行科学发现和创造的一种重要的思维形式。例如，物理学中的形象模型，像电力线、磁力线、汤姆逊或卢瑟福的原子结构模型，都是物理学家抽象思维和形象思维结合的产物。

法国数学家H.庞加莱说："直觉用于发明，逻辑用于论证。"任何一项发明创造都来源于某种直观形象的启发，发明创造者利用了直观形象和发明创造产物之间的某种相似

数学万花筒

思维导图

思维导图又叫"心智图"，是一种将思维形象化的方法。每一种进入大脑的信息，都可以成为一个思考中心，并由此中心向外发散出成千上万的信息节点，思维导图把各级信息的关系用相互隶属与相关的层级图表现出来，充分运用左右脑的机能，协助人们优化思维、提高效率，是一种能够有效培养创造性思维、激发大脑潜能的思维工具。

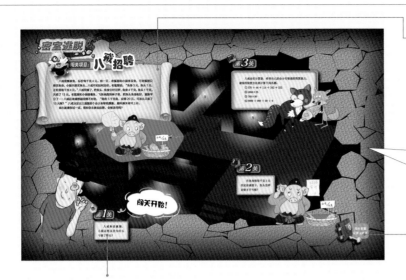

这是密室逃脱闯关项目主题和介绍

这是互动页： 互动页设置了密室逃脱闯关项目，每一个闯关项目里有 3 ~ 4 个闯关问题。如果你能顺利闯关，说明你已经读懂了本篇章的内容；如果你闯关失败，也不要紧，书中第 238 ~ 241 页给你提供了参考答案。

这是密室逃脱闯关项目的问题

这是提示你闯关项目问题的答案所在的页码

思维模式

这是页眉

页眉告诉你这个篇章是什么。

将具体问题提炼出来

这是内文页： 内文页有主题，有根据主题设置的知识点，知识点中还配有精美有趣的手绘图，帮助你理解知识。

这是图注

图注是用来分别说明图片中的细节内容的。它们是对图题的详细说明。

象思维就是把难以理解的抽象概念转换成直观的具象。

中，可以把题意中的内容转化成具象的事物来理解，、线段等。

题：5 个小朋友初次见面，每两个人握 1 次手，问一共次手。

是一个非常抽象的排列组合题，对于这样抽象的题目，根本听不懂，更不会解决。要想理解这样的抽象问题，学会依据题目所给的条件和问题用身边实物模拟演示，条件与条件、条件与问题之间的关系，在此基础上寻问题的方法。这里，我们可以请 5 位小学生站成一排，学生和其他 4 位同学分别握手 1 次，然后回到自己的；依此类推，大家一定能够得出正确的答案：5 个小朋握手 10 次。这种方法可以使抽象的数学问题形象化、系具体化。

思维

能画出自己家附近的地图吗？有几条道路？有几个红有哪些建筑？如果你能画出来，说明你有很强的抽象力。

象思维就是把具体的事物抽象化，它是与形象思维相一种思维形式，也是一种很有用的思维形式。学数学开抽象思维，在面对复杂的数量关系时，可以运用抽，将问题提炼出来，将其表格化，再用代数形式列出间的关系。例如，某技工学校培训中心有 50 名合格其中适合甲类工作的有 20 名，适合乙类工作的有 30 名，50 名技工派往 A、B 两地工作，两地的月工资情况如

工种 点	甲类工作	乙类工作
A 地	1800	1600
B 地	1600	1200

管在 A 地工作的技工比在 B 地工作的技工要少 4 人，地工作的技工月工资总额却比 B 地工作的技工月工资1800 元，求分别在 A、B 两地从事不同类工作的人数。目中数据多，牵涉到的数学要素也多，各要素之间缠

夹不清，必须找到这些要素之间的有机联系：①在 A 地工作的技工比在 B 地工作的技工要少 4 人；②在 A 地工作的技工月工资总额比在乙地工作的技工月工资总额高 1800 元。但用一个怎样的关系式将这些等量关系表示出来呢？这时就可以用到表格法了。先列表找出甲、乙两类工作以及两类工作之和各有哪几个要素，再将这些要素用字母的形式表示出来。还要找出两类工作之和的两个要素，然后列表（见本页下方跨栏表）：

若设派往 A 地 x 名技工从事甲类工作，y 名技工从事乙类工作，其余全部派往 B 地，则表格中的其他各项数据均可用含 x、y 的代数式表示，再利用前面得到的两个等量关系就可以列出方程组：

$$\begin{cases} x+y+4=20-x+30-y \\ 1800x+1600y-1800=1600（20-x）+1200（30-y） \end{cases}$$

解得：

$$\begin{cases} x=9 \\ y=14 \end{cases}$$

工种 工资统计	甲类工作			乙类工作			两类工作之和	
	人数	月工资	工资总额	人数	月工资	工资总额	人数	工资总额
地	x	1800	1800x	y	1600	1600y	$x+y$	1800x + 1600y
地	$20-x$	1600	1600（20 - x）	$30-y$	1200	1200（30 - y）	$20-x+30-y$	1600（20 - x）+ 1200（30 - y）

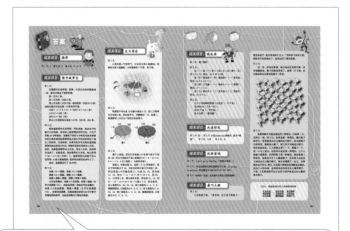

这是答案页： 答案页给你提供密室逃脱闯关项目问题的参考答案。

目录 CONTENTS

03
掌握数学
ZHANGWO SHUXUE

06
步入数学殿堂
BURU SHUXUE DIANTANG

数学 ABC

我国著名数学家华罗庚说："宇宙之大，粒子之微，火箭之速，化工之巧，地球之变，生物之谜，日用之繁，无处不用数学。"数学是什么？或许有人会说，数学是烦琐的数字、枯燥的运算，以及复杂多变的图形。了解数学、热爱数学的人则会说，数学是科学的皇后，是人类进步的阶梯，是锻炼思维的体操，是无色的图画和美妙的音乐，是人类智慧皇冠上最灿烂的明珠……现在，就让我们一起来认识数学、亲近数学吧！

荷兰发行的纪念数学加减乘除算式的邮票

数学从哪儿来

早在远古时代，我们的祖先采集到野果和射杀到鸟兽时，常常要掰着手指清点和计算这些野果和鸟兽的数量，以便合理分配和储存。可随着劳动成果的不断增加，先人们掰着手指数不过来了，就找来小石子，将石子摆成几堆，分别代表收获物品的种类和数量。

后来，先人们发现用石子来计数还是不够方便，又发明了结绳计数和刻骨计数等方法。

就这样，经过漫长的劳动实践，我们的祖先逐步具备了识别事物多少、大小和形状的能力，有了对"数"和"形"的基本概念和认知。

这就是数学的萌芽。

从公元前 5 世纪到公元 16 世纪，数学发展为一门独立的科学。到 16 世纪末，初等数学基本形成，有了算数、代数、数论、几何和三角等分支，为后来数学的发展奠定了基础。17 世纪，微积分产生，为整个数学开辟了无限广阔的前景。到 19 世纪末，数论、代数学、几何学、分析学四大经典数学领域完全形成，并萌发出众多的交叉数学学科，推动了 20 世纪数学向纵深方向发展。

数学是开锁的钥匙

有一则寓言故事，说的是一个文盲富翁聘请一位读书人教他的儿子认字。前三天上学，老师分别用毛笔在白纸上写了一笔、两笔、三笔，告诉富翁的儿子说那分别是"一""二""三"字。富翁的儿子自以为没什么新鲜，兴高采烈地告诉父亲自己学会写字了，富翁就把老师给辞退了。

过了几天，富翁想请一位姓万的朋友来喝酒，就吩咐儿子一大早起来写个请帖。直到太阳落山，富翁见儿子仍愁眉苦脸地坐在桌边，拿着一把蘸满墨的木梳在纸上画着。纸在地上拖得老长，上面尽是黑道道，儿子边画还边满口埋怨道："天下的姓氏那么多，他为什么偏偏姓万呢？我用母亲的木梳一次能写 20 多画，从早晨写到现在，手都酸了，也才写了不到 3000 画！万字真难写呀！"

这则故事告诉我们，知识是无穷的，学习知识不可以一知半解，半途而废。同时，它也让我们看到，一个"万"字，就能轻松解决书写一万笔的难题。而在数学中，"一万"可用"10000"来表示。它不仅书写简便，还能在算式中参与各种计算，例如：把一万个"1"进行相加时，不需要写出"1＋1＋1＋1＋1＋1＋1＋1＋1＋1＋1＋…"这样一个长长的算式，只用"1×10000 ＝ 10000"来表示就可以了。

可见，数学能把复杂的问题简单化。它就像开锁的钥匙，为我们打开一道道难开的锁。

我们的祖先在漫长的劳动实践中发明了各式各样的计数方法

古老而年轻的数字

　　最初，人类没有数的概念。在漫长的生产和生活实践中，由于记事和分配生活用品等方面的需要，人类才逐渐形成了数的概念，产生了数字。古时，数字在不同国家有不同的表示方法，如希腊阿提卡数字用的是字母系统，印度主要用的是婆罗门数字，玛雅数字则用贝形符号表示……其中有的表示法由于使用不便，早已被淘汰了；有的表示法逐渐改进，而且使用方便，所以一直沿用至今。

希腊阿提卡数字

　　古希腊是人类文明的发源地之一。罗马的数字系统就是借鉴古希腊的数字系统演化而来的。古希腊人最初使用阿提卡数字进行计数。阿提卡是古希腊的一个地区，其中心是雅典。由于雅典在古希腊时期的繁荣，阿提卡方言成为使用最多的古希腊方言，阿提卡数字也就是阿提卡方言中表示数字词汇的首字母。这套数字系统表示如下：

　　I= 1，∏= 5，Δ= 10，∏Δ= 50，H = 100，∏H = 500，X = 1000，∏X = 5000，M = 10000，以及∏M = 50000。

　　到公元前4世纪，阿提卡数字被半十进制的字母系统取代。新系统中，每个个位数字由一个字母表示，每个十位数字由另一些字母表示，并且百位数字亦如此。由于这套计数方法在表示成千上万的大数目时非常不便，现在人们已经很少使用它了。

印度婆罗门数字

　　古代印度在公元前2500年前后出现了一种被称为哈拉巴数码的铭文计数法，到了公元前3世纪前后，古代印度通行卡罗什奇和婆罗门两种数字。其中，婆罗门数字是现代"阿拉伯数字"的雏形。

　　到公元7世纪，印度天文学家阿叶彼海特将数字记在一个个格子里。他计数的方法是：同样一个圆点，如果在第一格里，就代表1；在第二格里，就代表10；在第三格里，就代表100。后来，印度学者又发明了作为零的符号。可以说，这些数字表示法就是今天阿拉伯数字的前身。印度数字和印度计数法既简单又方便，其优点远远超过了当时的其他计数法和算法。阿拉伯人把这种数字和计数方法传入欧洲，后来，逐步演变成现在的1、2、3、4、5、6、7、8、9、0的书写方式。

古代人计数的一些方法

玛雅数字

玛雅人有一个独特的数字体系，这个体系最先进之处便是使用了符号"0"。古代玛雅人使用点、横与一个代表"0"的贝形符号来表示数字。

玛雅数字中"0"的发明与使用，比印度数字更早。有了"0"，人们不再停留于计算多少，还开始计算有无。数字也不再是单向的无限制累加，而是可以将不同进位抽象出来，进而进行更大数量级的计算。

阿拉伯数字

我们现在计数用的 1、2、3、4、5、6、7、8、9、0，被称为阿拉伯数字，它是现在世界各国通用的计数符号。阿拉伯数字是由古印度人发明的。大约在公元 8 世纪，印度的使节来到当时的阿拉伯帝国，他们献给统治者一件特殊的礼物——一本用新的计数方法编制的天文历法书。阿拉伯的统治者觉得这个计数法有巨大价值，便要数学家们在国内推广。有一位叫花拉子米的数学家专门写了一本书叫《印度的计算术》，书中介绍了这些印度数字的写法、印度人的十进位制计数法和以此为基础的算术知识。公元 12 世纪初，意大利科学家 L. 斐波那契用拉丁文写成《算盘书》，又将印度数字介绍给欧洲人。欧洲人误以为是阿拉伯人发明的数字，就把它们称为阿拉伯数字了。

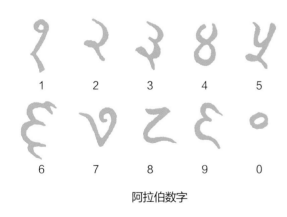

阿拉伯数字

后来，为了表示极大或极小的数字，人们在阿拉伯数字的基础上又创造了科学计数法，这是人类文明进步的一大重要成果。

阿拉伯数字传入我国，大约是在 13 ~ 14 世纪。由于我国古代曾用算筹计数，其表示方法比较方便，所以阿拉伯数字当时在我国没有得到及时的推广运用。20 世纪初，随着对外国数学成就的吸收和引进，阿拉伯数字在我国才开始得到使用和推广。

现在，阿拉伯数字已成为人们学习、生活和交往中最常用的数字了。

中国数字

中国数字有大写、小写两种表示方式。中国数字为什么会有大小写的区分呢？一种说法是，在朱元璋统治的明朝初年，发生了一起重大贪污案——"郭桓案"。郭桓任户部侍郎期间，勾结地方官吏，利用中国数字书写法的漏洞侵吞了政府的大量钱财，引起老百姓的强烈不满。后来他被人告发，案件牵连了许多大小官员和地方乡绅。朱元璋大为震怒，下令将与本案有关的数百人一律处死。同时，朝廷也制定了严格的惩治经济犯罪的法令，并在财务管理上采取了一些新的措施。其中一条就是把记载钱粮、税收数字的汉字"一、二、三、四、五、六、七、八、九、十、百、千"，改用大写"壹、贰、叁、肆、伍、陆、柒、捌、玖、拾、佰、仟"，以免再有人钻数字书写的空子，从而堵住了财务管理上的一些漏洞。大写的中国数字便由此产生了。

中国数字的大写和小写

罗马数字

罗马数字是最早的数字表示方式之一，比阿拉伯数字早 2000 多年，它是由罗马人创造的。如今我们最常见的罗马数字就是钟表的表盘符号：Ⅰ、Ⅱ、Ⅲ、Ⅳ（也可为 ⅡⅡⅡ）、Ⅴ、Ⅵ、Ⅶ、Ⅷ、Ⅸ、Ⅹ、Ⅺ、Ⅻ，对应的阿拉伯数字是 1、2、3、4、5、6、7、8、9、10、11、12。另外，C 表示 100，D 表示 500，而 M 表示 1000。这样，大数字写起来就比较简便，但计算十分不便，而且罗马数字中没有"0"。今天人们已经很少使用罗马数字计数了。

罗马数字

古今计算工具

计算工具是在人类的劳动生产和生活中产生的。远古时代穴居的先人们，在计算牲畜头数和群体人数时，常用手指来计数。后来，因为人和牲畜以及其他物品越来越多，需要计算的数目也越来越大，于是人类陆续发明了结绳、算筹、算盘等计算工具。20 世纪 40 年代，现代计算工具电子计算机诞生了。

古代人用石子的个数来表示物品的多少

结绳计数

在没有文字的时代，人们在生产劳动中形成了数的概念，但不知道用什么符号来表示，便发明了在绳子上打结的方法来计数。我国古书《周易》上有"上古结绳而治"的记载。美国纽约博物馆藏有古代秘鲁人计数用的工具——"基普"，它是一种打了许多结的有颜色的绳子。秘鲁的印第安人也曾在一幅画上记载了古人的结绳计数法，即利用十进制的计数方法在绳子上打结。在一排绳子最远的一行打一个结表示 1，次远的一行打一个结表示 10，依次下去，用以表示相关的数。一根绳子上一个结也没有，便表示零。结的大小、颜色和形状，记录着有关庄稼产量、人口数量等内容。

手指是古代人最简便和最方便的计数工具。因为手指只有 10 个，所以人们发明了十进制。

数学万花筒

袖珍计算器问世

1972 年，第一台电子袖珍计算器问世，它小到可以装在衣袋里！这一发明轰动了世界，发明者是英国企业家、发明家 C. 辛克莱。他酷爱电子技术，自学成才，发明了很多电子产品。由于他在微型电子技术应用方面贡献突出，1983 年，英国女王授予他骑士爵位。

算筹和筹算

我国早在 2000 多年前的西汉时期就有算筹了。算筹是用来计算的工具，它们由一根根长为 13 ～ 14 厘米、粗为 0.2 ～ 0.3 厘米的小竹棍组成（也有用木头、兽骨、象牙、金属等材料制成的），270 枚左右为一束。人们平时把它们放在一个布袋里，系在腰部随身携带，以备计数和计算时随时取用。在算筹计数法中，以纵、横两种排列方式来表示单位数目（如图）。表示多位数时，个位用纵式，十位用横式，百位用纵式，千位用横式……以此类推，遇零以空位表示，如此就能写出任意自然数了。

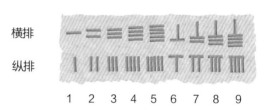

横排	一	二	三	亖	𠄌	⊥	⊥	⊥	⊥
纵排									
	1	2	3	4	5	6	7	8	9

用算筹进行运算的过程叫筹算。筹算的加减法虽然古书中没有记载，但从乘除法中可以看出都是从高位起逐位相加减。同一位的两数相加，满十向前位增一筹；同一位的两数相减，被减数不够减时向前一位取一筹作十再减。例如，算式 456 ＋ 789 的计算过程（如图）：

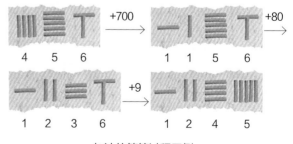

加法的筹算过程示例

筹算的乘除法利用乘法九九表。用算筹进行乘除法的计算，在《孙子算经》《夏侯阳算经》中都有详细的例题。如 56×78 的计算过程如下：

把被乘数摆在上方，乘数摆在下方。

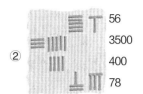

用上面数字的首位数乘下面数字的各个数位的数，乘得的数放在上下两数的中间。

把图②中间的两数相加后，得数放上下两数中间。

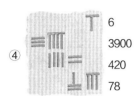

用上面数字6乘下面数字首位7，乘得的数420放在3900之下。

将图④中间两数相加，放在6下，将上面数字的个位数6乘下面个位数8，乘得的数48放在相加数字的下面，最后将中间的两组数相加。

结果为4368。

乘法的筹算过程示例

算盘

　　算盘是我国古代数学继算筹之后的又一项重大发明，东汉时期的数学专著《数术记遗》中就记载了14种古算法，流传至今的只有"珠算"。据南北朝时期北周的数学家甄鸾描述，这种"珠算"每一位有五颗可以移动的珠子，上面一颗相当于五个单位；下面四颗，每一颗相当于一个单位。这是关于珠算的最早记载。大约到了宋元时期，算盘开始流行起来。元代末年的著作《南村辍耕录》中记载了江南的一条俗谚，说新来的奴仆像"擂盘珠"，不拨自动；过了一段日子像"算盘珠"，拨一拨动一动；到最后像"顶珠"，拨它也

拨不动了。这说明算盘的运用在当时的江南一带已有了一段时间。到了明代，算盘已极为普及并彻底淘汰了算筹，而且，它与现代的算盘完全相同。1578年，柯尚迁所著的《曲礼外集》刊行于世，其中《补学礼六艺》的附录之《数学通轨》中，就绘有一个"算盘图式"。"算盘图式"有十三档，每档上面有两个珠，下面有五个珠，中间用木制的横梁隔开。

　　从15世纪开始，我国的算盘逐渐传入日本、朝鲜、越南、泰国等亚洲国家，对这些国家的数学发展产生了重要的影响。之后，算盘又被传播到了西方。

电子计算机

　　现代科技的发展使高级计算工具应运而生，这就是计算机，俗称电脑。计算机既可以进行高速的数值计算，又可以进行逻辑计算，还具有存储记忆功能。它是能够按照程序运行，自动、高速处理海量数据的现代化智能电子设备。世界上第一台电子计算机出现于1946年，它是美国宾夕法尼亚大学莫尔学院研制成功的，主机采用电子管器件，体积非常大，计算速度为每秒几千次。我国从1956年开始电子计算机的研制工作，1958年试制成功第一台以电子管为元件的电子计算机，1965年研制成功以晶体管为元件的电子计算机。此后，又陆续研制出"曙光5000A"电子计算机、"天河一号"超级电子计算机等。2016年研制成功的"神威·太湖之光"超级计算机的运算速度达到每秒约12.54亿亿次。现有的超级计算机运算速度大都可以达到每秒兆（万亿）次以上。科学家预计，未来将研制出运算速度超过每秒百万万亿次的超级计算机。

古代算盘

我国古代的游珠算盘，由不固定的珠子和算板组成，是算盘的雏形。

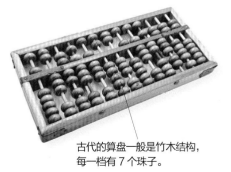

古代的算盘一般是竹木结构，每一档有7个珠子。

美国研制的世界上第一台电子计算机 ENIAC

八戒摆摊卖鱼，标价每千克4元。有一天，老狐狸和小狼来买鱼，可老狐狸只想买鱼身，小狼只想买鱼头。八戒不知如何定价。老狐狸说："鱼身3元，鱼头1元，正好是每千克4元。"八戒同意了，把鱼头、鱼身分好过秤，鱼身4千克，鱼头1千克，共卖了13元。老狐狸和小狼提着鱼，飞快地跑到林子里，把鱼头鱼身配好，重新平分了……八戒后来越想越觉得不对劲："我有5千克鱼，应得20元，可怎么只卖了13元呢？"八戒决定出三道题招个会计来帮他算账，顺利通关者可上任。

现在就请你试一试，假如你去参加应聘，会被录用吗？

4元/千克

闯关开始！

第1关

八戒和老狐狸、小狼这笔买卖为什么亏损了7元？

第3关

八戒没有计算器，希望自己的会计有很强的简算能力。
请你用简便方法来计算下列各题：
① 378 ＋ 44 ＋ 114 ＋ 242 ＋ 222
② 4004×25
③ 789×99
④ 9999 ＋ 999 ＋ 99 ＋ 9

第2关

在鱼身按每千克 3 元的定价前提下，鱼头怎样定价才不亏损？

招聘会计
八戒

4元/千克

闯关答案
见第 238 页

数位与计数单位

"数位"是指一个数的每个数字所占的位置。一、十、百、千、万、十万、百万、千万、亿、十亿、百亿、千亿……都是计数单位。整数部分，数位顺序从右端算起，第一位是"个位"，第二位是"十位"，第三位是"百位"，第四位是"千位"，第五位是"万位"等。在读数时，先读数字再读计数单位，例如：9063200 读作"九百零六万三千二百"。

数位的建立

在古巴比伦，人们没有发达的技术，所以采用很简单的方法计数和运算。

例如，一个农民向国王交来了 367 袋麦子，另一个农民向国王交来了 238 袋麦子。据此我们马上就可以列式计算出国王的仓库增加了 367 + 238 = 605 袋麦子。

古巴比伦人却是这样计数的：在泥板上挨着的小槽里分别放入 3 个、6 个、7 个石子，代表 367；然后在左边放 3 个石子的小槽里再放入 2 个石子，中间放 6 个石子的小槽里再放入 3 个石子，右边放 7 个石子的小槽里再放入 8 个石子。

这样一来，他们发现右边的小槽里有 15 个石子，于是取出 10 个，在中间的小槽里添上 1 个石子，这就是"满十进一"，形成了"十位"。接下来，中间的小槽里又满了 10 个石子，他们按照刚才同样的方法，再把这 10 个石子拿出来，在左边的小槽里添上一个石子。

最后，小槽里的石子就分别剩下了 6 个、0 个、5 个。这个过程，就表示了 367 + 238 = 605 的运算过程。在这里，古巴比伦人使用的就是数位的思想，左、中、右 3 个小槽分别表示百位、十位和个位。

数位与位数

一个数的每个数字所占的位置，叫数位。而同一个数字，由于所在的数位不同，它所表示的数值也就不同。如在 30175 中，"7"在十位，表示 7 个十；而在 75031 中，"7"在万位，则表示 7 个万。

一个数所占数位的多少，被称为位数。一个不是零的数字所表示的数是一位数，两个数字（其中十位不能为零）所表示的数是两位数，三个数字（其中百位不能为零）所表示的数是三位数，依此类推。比如，9 只含一个数位，是一位数；36 含两个数位，是两位数；186 含三个数位，是三位数……75031 含五个数位，是五位数；等等。

最小的一位数是 1，最大的一位数是 9；最小的两位数是 10，最大的两位数是 99。

三位数以上的数，称为多位数。比如，365、4321、89355、1356312 等，都是多位数。

3	0	1	7	5
万	千	百	十	个

7	5	0	3	1
万	千	百	十	个

古巴比伦人利用数位思想进行计算

同一个数字所在位数不同，它所表示的数值也就不同。

亿以内数的写法

...	亿位	万级				个级			
		千万位	百万位	十万位	万位	千位	百位	十位	个位
					7	0	0	0	0
				7	0	0	0	0	0
			7	0	8	0	0	0	0
				1	0	2	3	4	5
				3	2	0	6	0	0
		2	0	5	0	7	0	0	0

十进制计数法

在远古时代，我们的祖先在生产劳动中常常需要计数，当时生产水平低，劳动收获少，计数时用十个手指就可以了。随着生产的发展，劳动的收获越来越多，屈指已经难数了，于是每次满十就在地上放一块小石子或一根小树枝，表示一个十。十进制计数法是我们的祖先在长期的生产劳动中，经过反复实践，不断探索创造出来的。

一添上一就是二，二添上一就是三，三添上一就是四，依次得到五、六、七、八、九。十个一是十，十是新的计数单位。以后十个十个地数，十个十是一百；一百一百地数，十个一百是一千；一千一千地数，十个一千是一万……一、十、百、千、万……都是计数单位，相邻的两个计数单位间的进率是十，这样的计数法就是十进制计数法。

二进制计数法

二进制计数法是 17 世纪德国数学家 G.W. 莱布尼茨发明的，他的灵感来自他的老师所著的一本关于四进制的书。后来他看到了中国的八卦图，发现八卦中的阴爻和阳爻正对应他的二进制中的 0 和 1，这使他万分惊喜。他认为《易经》中的八卦图形所记录的内容就是二进制的思想。按照他的说法，《易经》中的"太极生两仪，两仪生四象，四象生八卦……"就是二进制思想的体现。他在给德雷蒙的信中曾这样述说他的这一发现：《易经》也就是变易之书。伏羲创制了八卦许多世纪后，文王和他的儿子周公以及后来的孔子，都曾在这 64 个图形中寻找过哲学的秘密。这恰恰是二进制算术，在这个算术中，只有两个符号，即 0 和 1。用这两个符号可以写出一切数字。

那么，什么是二进制计数法呢？二进制计数法，就是只用 0 与 1 两个数字，在计数与计算时必须是"满二进一"，即每两个相同的单位组成一个与其相邻的较高的单位（所以任意一个二进制数只要用"0"或"1"表示就够了）。例如，2 在二进制中是 10；4 写成二进制数是 100。这样就可以得到以下十进制数与二进制数的对照表：

十进制数与二进制数对照表

十进制	二进制	十进制	二进制
1	1	9	1001
2	10	10	1010
3	11	11	1011
4	100	12	1100
5	101	13	1101
6	110	14	1110
7	111	15	1111
8	1000	16	10000

十进制与二进制的互化

十进制数转化为二进制数，可以根据二进制数"满二进一"的原则，用 2 连续去除这个十进制数，直到商为 0，然后将每次所得的余数（只能是 0 或 1）按自下而上的顺序依次写出来，就是与这个十进制数相对应的二进制数。这种方法通常被称为"除 2 取余"法。为了简捷、清楚，可以采用短除式进行"除 2 取余"的运算。如将 9 改写成二进制数，我们可以按下面的方法进行换算：

$$
\begin{array}{r}
2\,\lfloor\underline{9}\cdots\cdots 1 \\
2\,\lfloor\underline{4}\cdots\cdots 0 \\
2\,\lfloor\underline{2}\cdots\cdots 0 \\
1
\end{array}
$$

$(9)_{10} = (1001)_2$，即十进制的 9 等于二进制的 1001。

二进制数改写成十进制数，只需将二进制数改写成各个数位上的数码与计数单位的积之和的形式，然后再计算出来就可以了。例如：$(100101)_2 = 1\times 2^5 + 0\times 2^4 + 0\times 2^3 + 1\times 2^2 + 0\times 2^1 + 1\times 2^0 = 1\times 2^5 + 1\times 2^2 + 1\times 2^0 = (37)_{10}$，即二进制的 100101 等于十进制的 37。

密室逃脱 ^脱

闯关项目："数学天才"过招儿

有位美国人做过一项实验。他先让自己饲养的 8 只黑猩猩每次各吃 10 只香蕉。连续多次后，他突然只给每只猩猩 8 只香蕉，结果所有的黑猩猩都不肯走开，直到主人补足 10 只后才满意地离去。这说明，黑猩猩是识数的。

其实，很多动物都识数，甚至会计算。现在我们就来比一比，你是否比它们更聪明。

闯关开始！

第1关

一天，马戏团举行动物运动会。小狗和小猴参加了 100 米短跑的预赛。当小狗跑到终点时，小猴才跑到 90 米处。决赛时，自作聪明的小猴突然提出，小狗天生跑得快，和它站在同一起跑线上不公平，建议它的起跑线向后挪 10 米。小狗同意了。小猴乐滋滋地想，这样我会和小狗同时到达终点了。小猴会如愿以偿吗？

闯关答案
见第238页

第3关

鹦鹉被关进了一个三角形的笼子，这是笼子的剖面图。请你帮它数数看，图中共有多少个三角形？

第2关

小兔的百货店开业了，狐狸买了一瓶酒付了10元，小兔找给狐狸3元，后来发现这10元是假币，小兔大哭起来。其他小动物闻声赶来，帮小兔算亏了多少钱。小猪说："10元是假的，找了狐狸3元钱是真的，亏了3元。"小狗说："10元钱是假的，找了狐狸3元，还给了狐狸一瓶7元的酒呀！所以一共亏了10元呀！"小猴乐乐说："狐狸的10元钱是假的，小兔就亏了10元，还给了狐狸一瓶7元的酒，一共亏了17元呀！"你认为谁说的对呢？

整数

生活中，我们表示事物的数量时，常常说：1 个人长着 2 只眼睛，每日 3 餐，家有 4 口人……这里的 1、2、3、4 都是正整数。我们有时还说"$\frac{1}{2}$个面包""2.6 克精盐"，却不可以说"$\frac{1}{2}$个人""2.6 张桌子"。如果要想表示少了 1 个人，可以用负整数"-1"表示。正整数、零、负整数，统称为整数。它们不像小数和分数那样"拖泥带水"，而且运算方便，能组成很多奇妙的算式。所以，德国著名数学家 C.F. 高斯将它们赞誉为"数学的女王"。

自然数

你能看清天上有多少颗星星吗？1 颗、2 颗、3 颗……哦，有时，我们 1 颗都看不见，那就是 0 颗啦！0、1、2、3 等数都是自然数。自然数是用以计量事物的件数或表示事物次序的数，也就是我们通常说的正整数和 0。自然数有无数多个，每一个自然数后面都有一个比它大 1 的自然数。在自然数里，有一类数能被 2 整除，被称为偶数；其他不能被 2 整除的数叫奇数。自然数也可以分为质数、合数、0 和 1。其中，只有 1 和它本身这两个因数的自然数被称为质数或素数；除了 1 和它本身还有其他因数的自然数被称为合数；0 和 1 比较特殊，既不是质数，也不是合数。

万数之首"1"

阿拉伯数字中的"1"，中国人写作"一"。它是一个非常特殊的数字，被赋予了很多意义。例如，1 可以被用来表示

一只骆驼

特殊的数字"1"

万物。中国古代书籍《道德经》对此有很精辟的论述："道生一，一生二，二生三，三生万物。万物负阴而抱阳，冲气以为和。"1 也可以用来表示最特别的一个。1 还能代表二进制里"有"的概念。

在数学中，1 非常有"个性"，它有许多其他数字没有的特性，如任何数除以 1 或乘以 1 都等于它本身；1 的因数只有它本身；1 是任何正整数的公因数等。

无 8 数

在数学王国里，有一位神奇的主人，它是由 1、2、3、4、5、6、7、9 八个数字顺次出场组成的一个八位数——12345679。因为它没有数字"8"，所以，我们管它叫"无 8 数"。虽然它是由普通的八个数字组成，但却有许多奇特的功能。

当无 8 数与几组性质相同的数相乘，会产生意想不到的结果。

它如果是与 9，18，27，36，45，54，63，72，81，…（9 的倍数）相乘，结果会组成一系列清一色的数字：

$$12345679 \times 9 = 111111111$$
$$12345679 \times 18 = 222222222$$
$$12345679 \times 27 = 333333333$$
……
$$12345679 \times 81 = 999999999$$

它如果是与 12，15，21，24，…（3 的倍数，其中 9 的倍数除外）相乘，能得出由三个数字重复出现的结果：

$$12345679 \times 12 = 148148148$$
$$12345679 \times 15 = 185185185$$
……

它如果是与 10，19，28，37，46，55，64，73，…相乘，

积会让 1、2、3、4、5、6、7、9 八个数字轮流做"开路先锋"：

$$12345679 \times 10 = 123456790$$
$$12345679 \times 19 = 234567901$$
$$12345679 \times 28 = 345679012$$
$$12345679 \times 37 = 456790123$$
$$12345679 \times 46 = 567901234$$
$$12345679 \times 55 = 679012345$$
$$12345679 \times 64 = 790123456$$
$$12345679 \times 73 = 901234567$$

你看，奇妙吧！而且结果全是无 8 数。

奇妙的 666

奇妙的 666

666 是个有趣的数字，它能由算式 $1 + 2 + 3 + 4 + \cdots + 36$ 得到。由于结果容易记忆，常用于珠算的加法练习。此外，666 还有许多特性，如由 1～9 这九个自然数以不同的形式相加均可以得到一个结果：

$$1 + 2 + 3 + 4 + 567 + 89 = 666$$
$$123 + 456 + 78 + 9 = 666$$
$$9 + 87 + 6 + 543 + 21 = 666$$

有趣的是，它是最小的 7 个质数的平方的和，即

$$2^2 + 3^2 + 5^2 + 7^2 + 11^2 + 13^2 + 17^2 = 666$$

666 还与它各数位上的数字 6 之间有一些有趣的联系，如

$$6 + 6 + 6 + 6^3 + 6^3 + 6^3 = 666$$
$$1^6 - 2^6 + 3^6 = 666$$
$$(6 + 6 + 6)^2 + (6 + 6 + 6)^2 + (6 + 6 + 6) = 666$$

九缺一

98765432 被人称为魔数。因为在九个非零数字中，魔数拥有八个数字，只缺一个，可以说是"九缺一"。而缺少的这个，又恰好是数字"1"，由此引出一系列"九缺一"的连锁题。

（a）把魔数除以 2，得到：

$$98765432 \div 2 = 49382716$$

商数 49382716 在 1～9 这九个数字中，只缺一个 5。

（b）把（a）的结果除以 2，得到：

$$49382716 \div 2 = 24691358$$

商数 24691358 在 1～9 这九个数字里只缺 7。

（c）把（b）的结果除以 2，得到：

$$24691358 \div 2 = 12345679$$

商数 12345679 在 1～9 这九个数字里只缺 8。

（d）把（c）的结果乘以 5，得到：

$$12345679 \times 5 = 61728395$$

乘积 61728395 在 1～9 这九个数字里缺 4。

（e）把（d）的结果与（b）的结果相加，得到：

$$61728395 + 24691358 = 86419753$$

和数 86417953 在 1～9 这九个数字里缺 2。

怎么样，这一系列运算结果是不是很神奇？请你继续看：

如果我们用 9 分别去乘魔数，以及（a）到（e）各题中的商数，所得的乘积顺次如下：

$$98765432 \times 9 = 888888888$$
$$49382716 \times 9 = 444444444$$
$$24691358 \times 9 = 222222222$$
$$12345679 \times 9 = 111111111$$
$$61728395 \times 9 = 555555555$$
$$86419753 \times 9 = 777777777$$

以上所得几个乘积的共同规律是，如果原数缺数字 n，那么它与 9 的乘积是由 $9 - n$ 的差数重复组成的九位数字。

和为 9

任意写一个四位数，把这个数乘以 3456，乘积记为 A，再把 A 的各位数字相加，得到的和记为 B，最后把 B 的各位数字相加，得到的和记为 C，那么 C 一定等于 9。如 2008，把这个数乘以 3456，得到乘积为 $2008 \times 3456 = 6939648$。把 6939648 中的各位数字相加，得到 $6 + 9 + 3 + 9 + 6 + 4 + 8 = 45$。把 45 中的各位数字相加，结果为 9。

为什么最后一定得到 9 呢？这是因为最初求 A 时，总是乘以 3456。在这里，3456 是 9 的倍数，所以 A 也是 9 的倍数。如果一个数是 9 的倍数，那么它的各个数位上数字的和也是 9 的倍数，这样我们就能得到 B 也是 9 的倍数。同理，C 也是 9 的倍数。又因为 A 是两个四位数的乘积，所以 A 最多是八位数。A 的各个数位上数字相加，不会大于八个 9 的和，所以 B 不超过 72。B 又是 9 的倍数，所以 B 的各位数字之和为 9，即 C 为 9。

零

在数学世界里，有一个神奇的数字，它看似毫无价值，但又神通广大，变幻莫测。其他数字得到它，可以立刻身价倍增，也可以瞬间变得一无所有……这个神奇的数字，就是"零"，亦即"0"。

神奇的数字"0"

数字"0"的出现

很久以前，数字"0"的出现，惹得罗马教皇大发雷霆，还抓了一位罗马学者，并对他施以酷刑。数字"0"为什么惹怒了教皇呢？在"0"出现以前，人们使用位值制计数法计数，总会遇到麻烦的空位问题。于是，人们便用各种办法去表示空位，可都不理想。聪明的印度人发明了"0"，并把"0"作为一个数加入算式。开始，他们用空格表示"0"，后来，为了更清楚地表示"0"，印度人就在空格上点一个点"•"，如把"503"标为"5•3"，用这种方法进行十进制计算时，空位问题就基本解决了。

公元前7世纪时，罗马的一位学者发现了印度人的这种标记"0"的方法——"•"。他认为印度人是发明数字"0"的重要贡献者，而且，印度人承认"0"是一个数，并把它运用到数学计算中非常有意义。所以，他逢人便便说："印度人想出这个办法真好！"这位学者还将印度人标记"0"的符号"•"，以及运用它进行计算的方法广为传播。事情很快传到了罗马教皇的耳朵里，教皇震怒道："神奇的数字是上帝创造的，上帝创造的数字当中根本就没有'•'这个异物。谁那么大胆，竟把这个异物引进来玷污神圣的上帝？！"

教皇再威严，也阻止不了数学前进的脚步。印度学者将这种方法介绍给了阿拉伯人。这种方法简便易行，很快便传入西欧。

"0"出现后，不仅使数学发展出现了可喜的转机，还极大地推动了其他学科的进步。可以说，"0"的发明是人类最伟大的发明之一。

数字"0"的概念

0是介于-1和1之间的自然数。它既不是正数，也不是负数，而是正数和负数的分界点。

0是一个最简单的数字，也是一个十分有意思的数字。它具有很多独特的性质：任何数加上它或者减去它，得数还是原来的数；一个无论多大的数乘以0，得数都是0；末尾是5的数和偶数相乘时，得数的末尾一定是0。另外，0没有倒数，0不能作为分母、除数或者比的后项。

数字"0"的表示法

数字"0"的表示方法是经历了从无到有的曲折历程的。

古巴比伦文字表示"0"的记号"⌒"有点像弯弯的香蕉或月亮。玛雅文化用图画"☑"来表示"0",它看起来像在下巴上用手挤压脸部的图案。中国古代用算筹记数,也采用空位表示零。印度人一开始用空格表示"0",为了消除空格,用小点表示,后来又把小点改成0。

现在国际通用的阿拉伯数字中写为"0";汉字中大写为"零",小写为"○"。

F. 恩格斯说:"0比其他一切数都有更丰富的内容。"

数字"0"的用法

数字"0"可以用来填满空格占位用。例如,你存折里的余额如果记为1000,1后面的三个0就分别占百位、十位和个位,则1在千位上,此时你存折上就有1000元。但如果1后面的三个0全丢了,那1只能占个位了,你存折里的钱也就剩1元了!

同样,在小数中,也可以找到类似的例子。例如,0.3或0.003,由于0出现在小数点后不同的位数,填满了不同位置的空格,两个数的大小也不同。

数字"0"也可以表示什么都没有。例如,你存折里的余额如果记为"0",就代表你存折上没钱了。

数字"0"的使用是多元的,它还可以表示起始点或标准点等。例如,跳远、跑步的起始点是0米;跳高的起始点以地面为标准点;摄氏温度以0度为临界点,0度为冰点,比0高的温度为零上,比0低的温度为零下;在经度中,0°表示本初子午线;在纬度中,0°表示赤道。

看,数字"0"多有用!

数字"0"的用法

正数与负数

正与负，是一对反义词，而正数与负数，也以 0 为分界点，构成一对对互为相反数的数。大于 0 的数，是正数；小于 0 的数，是负数。比如 1 与 -1，2 与 -2，3.5 与 -3.5……这些数值相同而符号不同的数，都分别组成相反数。它们就像一对对冤家，你东我西，背道而驰。一旦相遇，相反数相加便化为乌有。

中国古代对负数的认识

中国是世界上最早认识和应用负数的国家。负数，就是小于零的数，用负号"−"来表示，比如 -1、-0.3 等，它代表与正数相反的意义。例如，在我国古代，人们以收入钱为正，以支出钱为负；在粮食生产中，以产量增加为正，以产量减少为负。西汉时期，为区别正负数，人们用红色的算筹表示正数、黑色的算筹表示负数。这种用不同颜色的数来表示正负数的习惯一直沿用至今。现在，我们一般用红色表示负数，如"财政赤字"就代表财政收入出现了负数。负数概念的出现，给我们的生活带来了极大的方便。

我国魏晋时期的数学家刘徽首先给出了正负数的定义和区分正负数的方法，而 2000 多年前的数学专著《九章算术》，则最早提出了正负数加减法的法则。相比之下，西方国家认识正负数比我国晚了数百年。

负数的确立

数学万花筒

条形码

条形码的本质是一组数字。在条形码中，数字或字母首先转为由 0 和 1 组成的符号，然后以白条代表 0，黑条代表 1，一组黑白相间的线条便产生了。因为黑条和白条的反射率是不同的，人们可以用扫码枪将条形码所代表的数字识别出来。

负数在国外的确立

外国人对正负数的认识经历了一个漫长的过程。古希腊人认为算式 $2x - 10$ 中，当 $2x < 10$ 时，算式是不合理的。628 年左右，印度数学家婆罗摩笈多提出，负数是负债和损失，他是继中国之后最早提出关于负数概念的印度人。在欧洲，负数始见于 1545 年意大利数学家 G. 卡丹的著作《大法》中。那时大多数欧洲数学家仍认为负数不好理解，不承认负数是数。直到 1637 年，法国大数学家 R. 笛卡儿建立了坐标系，负数有了几何解释，才逐渐被人们所认识。其间仍有人提出"抗议"，还有人提出反对负数的说法。18 世纪以前，欧洲数学家只看到正数与零在量值上的大小比较，他们认为零是最小的量，如果比零还小是不可思议的。直到 19 世纪 30 年代，英国数学家 A. 德·摩根还强调负数与虚数一样都是虚构的。他举了个例子来解释他的观点："父亲 56 岁，他的儿子 29 岁，问什么时候，父亲的岁数将是儿子的 2 倍？"解这个问题列出的方程是 $56 + x = 2（29 + x）$，解得 $x = -2$。因此他说，这个结果是荒谬的负数。法国数学家 B. 帕斯卡认为，用 0 减 4 纯粹是胡说。

19 世纪，数学科学为整数奠定了逻辑基础以后，负数概念在欧洲才最终形成和确立。虽然古代的中国和印度数学家为负数的引入作出过巨大的贡献，但真正在数学上给负数应有地位的是现代欧洲的数学家，其主要代表是德国数学家 K. 外尔斯特拉斯、J. W. R. 戴德金和 G. 皮亚诺。

珠穆朗玛峰与吐鲁番盆地的海拔对比

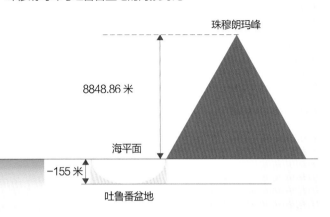

正向与反向

正向与反向是一对相反的概念，其中就有正负数的问题。如果向东走用正数表示，那么向西走就可以用负数表示。例如，向东走 50 千米，记作 +50 千米；向西走 30 千米，记作 -30 千米。但不论怎么走，它们都以零点为参照点来描述。

在地理学中也经常用到正负数，描述海拔高度就通常以海平面为零点，零点向上的垂直高度为正，零点向下的垂直高度为负。如在地形图中，-120 米表示该地比海平面低 120 米。我国的吐鲁番盆地低于海平面 155 米，记作 -155 米；世界屋脊上的珠穆朗玛峰的海拔高度是 8848.86 米，记作 +8848.86 米。利用同样的方法，我们可以管理自己的零花钱，比如，得到 50 元，可记作 +50 元；花掉 30 元，可记作 -30 元。将两者相加，可算出余额为 20 元。

数轴上的正负数

数轴是规定了原点（即零点）、正方向、长度单位的直线，如下图所示：

数轴上的正负数

这很像一个平放的温度计，以零为分界点，正数在数轴上零的右边，负数在数轴上零的左边。数轴有方向，带箭头。

数轴有长度单位，如上图每个单位长度为 1。数轴上的点是无限的，零既不是正数也不是负数。数轴上的数从左往右越来越大，从右往左越来越小。也就是说，在数轴上，任意一个右边的数，都大于其左边的数。

例如，-13 在 0 的左边，

所以 -13 < 0。
5 在 -9 的右边，
所以 5 > -9。
-7 在 -3 的左边，
所以 -7 < -3。

由此可以得出，负数总比零小，负数也比正数小。两个负数比大小时，哪个更靠近数轴的零点，哪个数就大。

温度计上的正负数

温度是表示冷热程度的物理量，人们通常用温度计测量温度。科学家把常温、一个大气压下水结冰时的温度定为 0℃（读作：零摄氏度），水沸腾时的温度定为 100℃。炎热的夏季，中国海南省的三亚市，气温高达 39℃；寒冷的冬天，黑龙江省的漠河，气温能低至 -40℃（读作：零下四十摄氏度），-40℃ 表示比 0℃ 还低 40℃。

请你仔细想想，-10℃ 与 -25℃，哪个温度更低呢？因为 -25℃ 比 0℃ 低 25℃；-10℃ 比 0℃ 低 10℃，所以说 -25℃ 比 -10℃ 温度低。

我国北方漠河在冬天时，气温可以低至 -40℃。

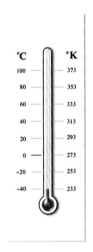

收入与债务上的正负数

人们常用正负数来计算家庭或单位的收支情况，习惯上把收入记为正，负债或支出记为负。例如，小明家 8 月份收支情况为：爸爸工资收入 5600 元，妈妈工资收入 4700 元，伙食费支出 2800 元，购衣物支出 3200 元，其他消费 1800 元。我们将以上信息分别记录如下：

小明家 8 月份收支情况表

收入		支出	
爸爸工资	5600 元	伙食费	-2800 元
妈妈工资	4700 元	购衣物	-3200 元
		其他消费	-1800 元

结论：小明家总收入 10300 元，总支出 7800 元，最后结余 2500 元。

分数

　　把一个单位分成若干等份，表示其中的一份或几份的数，就是分数。它也是除法的一种书写形式。在分数中，符号"—"为分数线，相当于除号；分数线上面的数为分子，相当于被除数，如 $\frac{3}{4}$ 中的 3；分数线下面的数为分母，如 $\frac{3}{4}$ 中的 4。分数就像不偏不倚的天平，可以把劳动成果分成相等的若干份，公平合理地分配给参与劳动的每个人。

分数的历史

　　分数的产生经历了一个漫长的历史过程。早在 3000 多年前的古埃及，就有关于分数的记载。中国是使用分数较早的国家之一。我国春秋时代的《左传》中，规定了诸侯的都城大小：最大的不可超过周文王国都的三分之一，中等的不可超过五分之一，小的不可超过九分之一。秦始皇时期的历法规定：一年的天数为三百六十五又四分之一天。这说明分数在我国很早就出现了，并且用于社会生产和生活。《九章算术》是中国古代的一部数学专著，其中第一章《方田》里就讲了分数的计算方法，包括四则运算、通分、约分、化带分数为假分数等。

　　分数中间的一条横线叫分数线，它上面的数叫分子，下面的数叫分母，读作几分之几。分数可以表述为一个比，例如：二分之一等于 1∶2。其中，分子 1 等于前项，分数线等于比号，分母 2 等于后项，而分数值 0.5 则等于比值。在分数中，分母一定不能为 0。

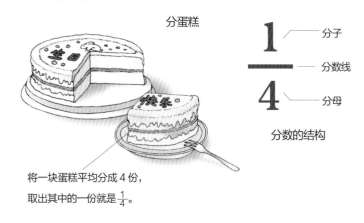
分蛋糕

分数的结构
分子
分数线
分母

将一块蛋糕平均分成 4 份，取出其中的一份就是 $\frac{1}{4}$。

平均分

　　在分数里，表示把单位"1"平均分成若干份的叫分母，表示有这样多少份的叫分子；其中的一份叫分数单位。平均分是分数意义的基础，是分数产生的前提。那么为什么要平

分数表示法的演变

　　分数的表示方法经过了漫长的发展过程，才演变为现在的样子。在中国古代，分数是用算筹来表示的。后来，印度人把分子记在上面，分母记在下面，这种分数记法对世界的影响很大。再后来，阿拉伯人创造了分数线，用一根横线把分子和分母隔开，形成了现在的分数记法。

均分呢？这要从实际的测量和计算说起。在实际测量中，人们往往不能得到整数的结果。如用一个计量单位量黑板的长，量了几次还剩下一段不够一个计量单位，怎么办？这时就要把这个计量单位平均分成若干等份，如分成 10 等份，再用这样的 1 份作单位来量。这一份是这个计量单位的十分之一，用分数表示就是 $\frac{1}{10}$。另一方面，在实际计算中有时也不能得到整数的结果，需要用分数来表示。如把 3 个苹果平均分成 4 份，那么每份就不能用整数表示，可以用分数表示为 $\frac{3}{4}$。有了分数，这些结果就能准确地表示出来。但是，如果不是平均分成几份，即不是每份都相等，就不能用分数表示。

单位"1"

　　在分数中，只有正确理解其中的单位"1"，才能更好地理解分数的意义。分数中单位"1"有以下特点：

　　(1) 单位"1"可以表示一个物体或一个计量单位。如一个苹果，我们可以把它看成是单位"1"，要把它平均分成 4 份，每份就是这个苹果的 $\frac{1}{4}$。

　　(2) 单位"1"也可以表示由一些物体组成的整体，例如一个班的同学、一堆水果、一个国家的人口等。把 40 位同学看成一个整体，单位"1"就代表 40 位同学；如果把它平

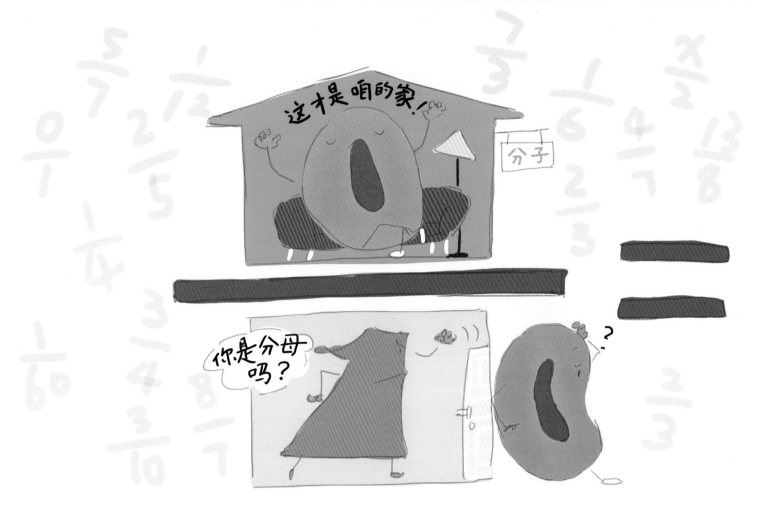

分数表示法

均分成 2 份，每份就是这个整体的 $\frac{1}{2}$，即 20 位同学；如果把它平均分成 8 份，每份就是这个整体的 $\frac{1}{8}$，也就是 5 位同学。

（3）单位"1"还可以表示一个物体的一部分。如把半块饼平均分成 3 份，每份就是这半块饼的 $\frac{1}{3}$，这时半块饼就是单位"1"。再如把一个班中的全体女生平均分成 4 个组，这时，全体女生就是单位"1"，每个组就是全体女生的 $\frac{1}{4}$。

（4）单位"1"所代表的数量不同，平均分成若干份后，其中每份的多少（或大小）也不一样。如把 30 个梨平均分成 5 份，此时单位"1"就变成了 30 个梨，每份就是 30 个梨的 $\frac{1}{5}$，即 6 个梨；如果把 5 个梨平均分成 5 份，此时单位"1"就变成 5 个梨，每份就是 5 个梨的 $\frac{1}{5}$，即 1 个梨。

（5）分数中的单位"1"比整数里的"1"范围更广泛。整数"1"是自然数的计数单位，仅表示某一具体事物；而分数里的单位"1"既可以表示一个事物，也可以表示一个整体。

（6）数量无限多的不能看成单位"1"，因为无限多的事物是不可分的。

"零"除外

分数的分子和分母都乘以或者都除以相同的数（0 除外），分数的大小不变。你知道为什么"相同的数"不包括 0 吗？

我们设想一下，如果相同的数是 0，将会出现怎样的后果呢？如果分子和分母都乘以 0，那么原分数就变成了" $\frac{0}{0}$ "，意思是把单位"1"平均分成零份，表示这样的零份，这样的分数没有意义。

另外，依据分数与除法的关系，" $\frac{0}{0}$ "相当于 $0 \div 0$，而在四则运算法则中，除数是不能为 0 的。如果分子和分母都除以 0，这也违背了四则运算法则。所以说，分数的分子和分母不能同时乘以或除以 0。

分数的个数

任意两个分数之间都有无数个分数，这可以用多种方法来证明。如要证明 $\frac{2}{5}$ 和 $\frac{3}{5}$ 之间有无数个分数，可以有以下两种方法：

（1）把分数化成小数，即 $\frac{2}{5} = 0.4$，$\frac{3}{5} = 0.6$，0.4 和 0.6 之间有无数个小数，如 0.41、0.42、0.43 等，这些小数都可以化成分数，所以 $\frac{2}{5}$ 和 $\frac{3}{5}$ 之间有无数个分数。

（2）分子 2 和 3 之间有无数多个数，如 2.1、2.2、2.15、2.99 等，以这些数为分子，以 5 为分母，可以化成无数个分数。这些分数也都处于 $\frac{2}{5}$ 和 $\frac{3}{5}$ 之间。

小的分数飞起来喽！

比较分数大小

比较分数大小的方法很多，如化小数比大小、找参数比大小、比较倒数比大小等。

（1）基本方法比大小：

分母相同的两个分数比较，分子大的分数比较大；分子相同的两个分数比较，分母大的分数比较小；分子、分母都不相同，可以用通分的方法，使它们的分母相同，再比较两个分数的大小，也可以根据分数的基本性质，使它们的分子相同，再比较两个分数的大小。

例如，比较 $\frac{15}{22}$ 和 $\frac{5}{9}$ 的大小。

解法一：$\frac{15}{22}=\frac{135}{198}$；$\frac{5}{9}=\frac{110}{198}$。

因为 $\frac{135}{198}>\frac{110}{198}$，所以 $\frac{15}{22}>\frac{5}{9}$。

解法二：$\frac{5}{9}=\frac{15}{27}$

因为 $\frac{15}{22}>\frac{15}{27}$，所以 $\frac{15}{22}>\frac{5}{9}$。

（2）化小数比大小：

这种方法对任意的分数都适用，因此也叫万能法。但在比较分数大小时是否简便，就要看具体情况了。

（3）找个参照数比大小：

我们可以以 $\frac{1}{2}$ 做参照数。例如 $\frac{6}{13}$ 和 $\frac{8}{15}$ 比较大小时，因为 $\frac{6}{13}$ 小于 $\frac{1}{2}$ 而 $\frac{8}{15}$ 大于 $\frac{1}{2}$，所以 $\frac{6}{13}<\frac{8}{15}$。

（4）比剩余辨大小：

例如，比较 $\frac{444443}{444445}$ 和 $\frac{555554}{555556}$ 的大小。因为：

$$1-\frac{444443}{444445}=\frac{2}{444445}$$

$$1-\frac{555554}{555556}=\frac{2}{555556}$$

$$\frac{2}{444445}>\frac{2}{555556}$$

根据被减数一定，减数越大差越小的规则，所以得出

$\frac{444443}{444445}<\frac{555554}{555556}$。

（5）比较倒数辨大小：

倒数是 1 除以原分数得到的商。被除数一定，商越大，除数越小。

例如，比较 $\frac{111}{1111}$ 和 $\frac{1111}{11111}$ 的大小。

因 $\frac{111}{1111}$ 的倒数是 $\frac{1111}{111}=10\frac{1}{111}$，

$\frac{1111}{11111}$ 的倒数是 $\frac{11111}{1111}=10\frac{1}{1111}$。

而 $10\frac{1}{111}>10\frac{1}{1111}$，

即 $\frac{1111}{111}>\frac{11111}{1111}$，

所以 $\frac{111}{1111}<\frac{1111}{11111}$。

（6）求商比大小：

被除数除以除数，商大于 1，则被除数大于除数；如果商小于 1，则被除数小于除数。根据这个规律来比较 $\frac{111}{119}$ 和 $\frac{103}{111}$ 的大小。

$$\frac{111}{119}\div\frac{103}{111}=\frac{111}{119}\times\frac{111}{103}=\frac{111\times111}{119\times103}>1,$$

所以 $\frac{111}{119}>\frac{103}{111}$。

分数和整数除法

在分数中，分子相当于除法算式中的被除数，分母相当于除数，分数线相当于除号，分数值相当于商。但是，分数并不等于除法，两者之间既有联系，又有区别，它们之间的区别是：分数是一种数，而除法是一种数与数之间的运算。

分数和整数除法的联系，表现在分数的基本性质上。分数的基本性质是：分数的分子和分母都乘以或者除以相同的数（0 除外），分数的大小不变。这与整数除法中商不变的性质有关，即被除数与除数同时乘以或者除以相同的数（0 除外），商不变。

通分

在进行整数加减法计算时，不同计量单位的各个数量，不能直接进行加减，必须化成相同单位的量，才能进行计算。如 4 元减 5 角可化成 40 角减 5 角，得 35 角；或把 4 元减 5 角化成 4 元减 0.5 元，得 3.5 元。在整数加减法中强调"数位对齐"，小数加减法中强调"小数点对齐"。这都说明单位相同，才能直接相加减。在计算异分母分数加减法时，由于异分母分数的分母不同，因而它们的分数单位也不一样，必须把不同分母的分数转化成同分母分数，使分数单位一样，

才能进行加减。把几个分母不同的分数化成分母相同，并且和原来分数相等的分数，这个过程就称为通分。通分后分数的分母是原来几个分数分母的公倍数。如在计算 $\frac{2}{7} + \frac{1}{4}$ 时，可以先通分，取 7 和 4 的最小公倍数 28 做分母，把 $\frac{2}{7}$ 和 $\frac{1}{4}$ 分别化成 $\frac{8}{28}$ 和 $\frac{7}{28}$，就可以相加了，即

$$\frac{2}{7} + \frac{1}{4} = \frac{2 \times 4}{7 \times 4} + \frac{1 \times 7}{4 \times 7} = \frac{8}{28} + \frac{7}{28} = \frac{15}{28}$$

奇妙的单位分数

把 2 个面包平均分给 3 个人，我们都知道，每个人应该分得 $\frac{2}{3}$。但古人并不理解 $\frac{2}{3}$ 的概念，你知道古埃及人是怎么分的吗？原来，他们有自己的分法：首先，把 2 个面包分成 4 个 $\frac{1}{2}$，先给每个人 1 个 $\frac{1}{2}$，剩下的 1 个 $\frac{1}{2}$ 再分成 3 等分，均分结果，每人分到 $\frac{1}{2}$ 加 $\frac{1}{2}$ 的 $\frac{1}{3}$，也就是 $\frac{1}{2} + \frac{1}{6} = \frac{2}{3}$。古埃及人为什么要用这么复杂的方法来分面包呢？这是因为他

们只会分子是 1 的分数概念。分子是 1，分母是等于或大于 2 的自然数的分数叫单位分数，记为 $\frac{1}{n}$。由于古埃及人在单位分数计算上有出色贡献，单位分数也叫埃及分数。

例题：学校图书室内有一书架故事书，借出总数的 75% 之后，书架上又放了 60 本，这时书架上的书是原来总数的 $\frac{1}{3}$。求现在书架上放着多少本书。

分析：借出总数的 75% 之后，还剩下 25%，又放上 60 本，这时书架上的书是原来总数的 $\frac{1}{3}$，这就可以找出 60 本书相当于故事书总数的几分之几了，问题也就可以求出来了。

解答：

（1）60 本书相当于故事书总数的几分之几？
$$\frac{1}{3} - (1 - 75\%) = \frac{1}{12}$$

（2）故事书的总数：$60 \div \frac{1}{12} = 720$（本）

（3）现在书架上放有多少本故事书？
$$720 \times \frac{1}{3} = 240$（本）$$

答：现在书架上放有 240 本故事书。

奇妙的单位分数

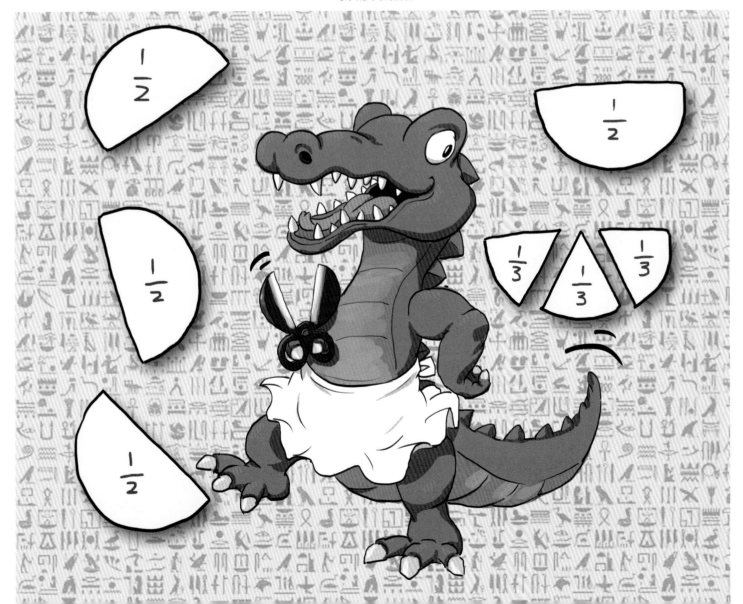

百分数和小数

百分数与小数关系密切。我国宋代大诗人苏东坡有诗云"人有悲欢离合，月有阴晴圆缺"，一句话概括了事物总有不圆满。而数学则可以用数字来直观、精确地显示不圆满的程度。如 1%、50%、99%······这些数是百分数，百分号前面的数字大小与圆满的程度成正比。而将百分号前面的数值前移两个小数点，它就变成了小数，如 1% = 0.01，50% = 0.5，99% = 0.99。

百分率

走在街上，遇到长得非常可爱的小孩儿，人们大多会回头多看他们几眼。而人们回头看的概率达到了百分之多少，就是百分率。

百分率，也叫百分数或百分比，是指分母是 100 的分数，表示一个数是另一个数的百分之几。百分率通常用百分号来表示，如 $\frac{36}{100}$ 写作 36%。

例题：长春小学四年级一班共有学生 40 人，其中 10 人考试总分达到了优秀。那么优秀率为 $\frac{10}{40} \times 100\% = 25\%$。25% 就是达到优秀的学生的百分率。

求误差

你上街买 2 斤水果，很可能秤盘显示的重量与实际重量有出入。我们就说，水果的分量有误差。

误差是指测量值与实际值之间的差。误差率是误差与实际值的百分比，结果要写成百分数的形式。其计算公式是：

误差率＝误差÷实际值×100%

例题：小明的实际身高是 1.76 米，测量结果是 1.75 米，求误差率。

解：由题意，误差 = 1.76 − 1.75 = 0.01（米）

误差率＝$\frac{0.01}{1.76} \times 100\% \approx 0.0057 \times 100\% = 0.57\%$

答：误差率约是 0.57%。

小数的表示法

小数由整数部分、小数部分和小数点组成。整数部分按照整数的写法来表示，小数点写在个位的右下角，小数部分依次写出每一个数位上的数字即可。如九点三七可写作 9.37。

用来区分小数跟整数部分的符号"小数点"曾有过好多写法。例如荷兰工程师S. 斯蒂文把139.654写作139⊙6①5②4③，每个数后面圈中的数是用来指明它前面数字位置的。这使小数的形式复杂化，给小数的运算带来很大麻烦。1592年，瑞士数学家J. 布尔基对此进行了改进，他用一空心小圆圈把整数部分和小数部分隔开。例如把36.548写作"36。548"，这与现代的表示法已极为接近。后来，德国数学家C. 克拉维乌斯，用黑点代替了小圆圈，并将他的这个办法公之于世。至此，小数的现代记法才被确立下来。

纯循环小数化分数

请观察下列小数：

8.45757575···，0.17895895895···，

36.5949494···，171.666666666···。

这些小数从小数部分的某一位起，一个数字或几个数字依次不断地重复出现，这样的小数被称为循环小数。其中171.666666666···的循环节是从小数部分的第一位开始的，这样的小数被称为纯循环小数。

把纯循环小数化成分数，并不像有限小数那样，用10、100、1000等做分母，而要用9、99、999等这样的数做分母，其中"9"的个数等于一个循环节数字的个数；一个循环节的数字所组成的数，就是这个分数的分子。

例 1：将纯循环小数 0.2121212121···化为分数。

这里的循环节是21，有2位，分子就是21，分母就是2个9，即 $\frac{21}{99} = \frac{7}{33}$。

例 2：将纯循环小数 0.814328143281432···化为分数。

这里的循环节是81432，有5位，则分子是81432，分母是99999，即 $\frac{81432}{99999} = \frac{9048}{11111}$。

忽略小数点引发的悲剧

在美国芝加哥，有个靠养老金生活的老太太在医院做了一次小手术。出院回家两个星期后，她接到了医院寄来的账单，显示收费 63440 美元。这个天文数字令她大惊失色，心脏病猝发，当场倒地身亡。后经核对，她实际上只需要付 63.44 美元就可以了，但医生用电脑输入信息时，把小数点忽略掉了。

医生少点了一个小数点，竟要了一条人命！难怪著名物理学家牛顿说："在数学上，最微小的误差也不能忽略。"

因此，在计算和书写的时候，我们都要格外小心。

除数为 7 的商

有这样一些算式：

$1 \div 7 = 0.142857142857\cdots$

$2 \div 7 = 0.285714285714\cdots$

$3 \div 7 = 0.428571428571\cdots$

$4 \div 7 = 0.571428571428\cdots$

$5 \div 7 = 0.714285714285\cdots$

$6 \div 7 = 0.857142857142\cdots$

从上面的算式可以看出，用 1、2、3、4、5、6 分别除以 7 时，所得的商是循环小数，而且循环节都是有规律的，由 1、2、4、5、7、8 这六个数字组成，只是组成循环节的六个数字的位置顺序不同。那么它们的排列顺序有什么规律呢？首先让我们观察一下：

$1 \div 7 = 0.142857142857\cdots$

它的循环节为 142857。以此为标准，再观察其他的算式，如：

$4 \div 7 = 0.571428\cdots$

由于 4 除以 7 的小数部分首位是 5，如果把 142857 中 5 前面的四个数依次顺接到后面变成 571428，这就是 $4 \div 7$ 所得小数的循环节。又如：

$6 \div 7 = 0.857142\cdots$

由于 6 除以 7 的小数部分首位是 8，这样如果把 142857 中 8 前面的三个数依次顺接到后面就变成 857142，这也就是 $6 \div 7$ 所得小数的循环节。因此，只要确定了小数部分的首位，就能立刻推算出算式中除数是 7 时所得的商。

0.9999…和 1 比大小

在比较小数和整数的大小时，通常只看小数的整数部分。当小数的整数部分大于或等于要比的整数时，那么这个小数就比整数大；当小数的整数部分小于整数时，那么这个小数就比整数小。

如果按照一般的方法比较 0.999…和 1 的大小，得到的结论是 1 大。实际上是不是这样的呢？让我们看看下面的图。

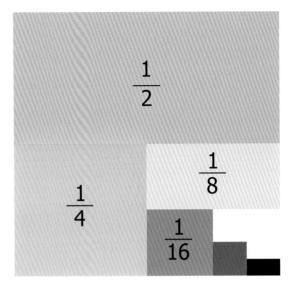

1 的分解

如图所示，把大正方形看成 1，它的一半是 $\frac{1}{2}$，$\frac{1}{2}$ 的一半是 $\frac{1}{4}$，$\frac{1}{4}$ 的一半是 $\frac{1}{8}$，$\frac{1}{8}$ 的一半是 $\frac{1}{16}$，照这样下去，还会有整个正方形的 $\frac{1}{32}$、$\frac{1}{64}$、$\frac{1}{128}$……

把这些分数加起来就得到一个算式：

$\frac{1}{2} + \frac{1}{4} + \frac{1}{8} + \frac{1}{16} + \frac{1}{32} + \frac{1}{64} + \frac{1}{128} + \cdots$ 整理算式发现，这是一个以 $\frac{1}{2}$ 为公比的无穷等比数列，即：$\frac{1}{2} + \frac{1}{2^2} + \frac{1}{2^3} + \cdots + \frac{1}{2^n} + \cdots$。如果无限加下去，所得的这些分数的和就会等于 1。

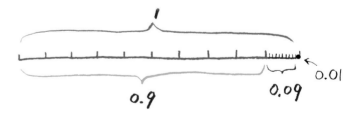

比较分数和小数的大小

在上面我们运用了"极限"的思想，下面我们试着用这种思想考虑一下 0.999…和 1 比较的情况。从图中可以看出，1 的 $\frac{9}{10}$ 是 0.9，1 减去 0.9 后还剩 0.1；0.1 的 $\frac{9}{10}$ 是 0.09，0.1 减去 0.09 后还剩 0.01；0.01 的 $\frac{9}{10}$ 是 0.009，0.01 减去 0.009 后还剩 0.001。因为 $0.9 + 0.09 + 0.009 + 0.0009 + \cdots = 0.999\cdots$，所以如果无限加下去，可以说 0.999…和 1 同样大。

密室逃脱 脱脱

闯关项目：动物擂台赛

动物也有智慧。科学家们发现，世界排名前三的聪明动物是类人猿、大象和海豚。排名第四的据说是老鼠。有一天，动物们大摆擂台，要进行一场"最强大脑"擂台赛，选出新的动物大王。老鼠很想通过此次大赛一举夺冠，改变自己"人人喊打"的命运。你看，擂台赛开始了！

闯关开始！

第1关

在一个自然数（0除外）后面添上一个%，得到的数（　　　）。
A. 是原来自然数的 $\frac{1}{100}$；
B. 是原来自然数的 100 倍；
C. 与原来的自然数相等。

第4关

课堂上老师问："4个1组合而成的最大的数是多少？"猴子回答："是1111。"老鼠说："不对，有比它更大的数。"哪种说法对呢？

第3关

填表，完成下表中各数的换算。

填数

小数	0.6			1.25	
百分数		55%			
分数			$\frac{3}{8}$		$\frac{2}{3}$

第2关

按从小到大的顺序排列下列各数：

3.9% $\frac{2}{5}$ 0.54 $\frac{17}{50}$ 0.054

闯关答案见第238页

数学符号
与运算

运算符号与比较符号

　　工人盖楼房，农民播种或收割作物，家庭主妇买菜做饭……日常生活中处处都需要运算与比较，而要表示这些运算与比较，就要用一些符号分别进行标记。如"＋""－""×""÷"分别代表加、减、乘、除四种运算方法，而"＞""＜""＝""≥""≤"则分别代表大于、小于、等于、大于等于、小于等于五种不同的比较关系，这些符号就是运算符号与比较符号。

德国数学家 J. 魏德曼首先使用了加号"＋"

加号的由来

　　运算符号并不是随着运算的产生而立即出现的。我国在商代就已经有加法、减法运算，但同埃及、希腊和印度等文明古国一样，都还没有加法符号，只是把两个数字写在一起来表示相加。公元6世纪，印度人开始把单词的缩写当成运算符号。后来欧洲人承袭印度人的做法，如16世纪，意大利科学家 N. 塔塔里亚用意大利文"Più（加的意思）"的第一个字母表示加。1489年，德国数学家 J. 魏德曼首先使用"＋"当加号，"＋"是在横线上加一竖来表示增加的意思。1514年，荷兰数学家 V. 赫克把它用作代数运算符号之一，后来又经过法国数学家 F. 韦达的宣传和提倡，"＋"开始普及，但直到1630年才得到公认。

减号的由来

　　最初减号由拉丁文"minus"缩写成"m－"，意为"减去"，后来又被略去字母 m，表示为"－"。

　　15世纪，德国数学家 J. 魏德曼在创造出来"＋"后不久，经过多次分析和研究，又创造了减号，即"－"。在加号上减去一竖，表示减少。

　　也有人说，"－"出现于中世纪。当时酒商在售出酒后，用横线标出酒桶里的存酒，而当桶里的酒又增加时，便用竖线把原来画的横线划掉。于是就出现了用以表示减少的"－"和用以表示增加的"＋"。

中世纪酒商用横线或竖线标示存酒量的变化

乘号的由来

　　人类很早就掌握了乘法运算。在我国，早在2000多年之前就已经出现了"九九"乘法表，在西方也出现了格子乘法。1540年，德国数学家 M. 史提非用拉丁字母"m"表示乘法，它是拉丁语乘法"multi-plicatio"一词的第一个字母。1631年英国数学家 W. 奥特雷德提出用"×"表示相乘，但由于"×"号易与拉丁文"x"相混，17世纪末，德国数学家 G.W. 莱布尼茨提出改用"·"表示相乘。

　　在我国，这两种符号都采用，数字的乘法用"×"，而数字和字母相乘，或字母之间相乘则用"·"或省略不写。

英国数学家 W. 奥特雷德发明了乘号 "×"

除号的由来

我国古代数学著作《孙子算经》上说："凡除之法，与乘正异。"当时，人们用算筹和口诀来计算除法。阿拉伯人曾用过两个数之间加一条短线 "－" 的方法表示相除，1631 年，英国数学家 W. 奥特雷德也曾设想过用符号 "："表示除法，但没有推广开来。数学中正式把目前的除号作为除法运算符号的，是瑞士数学家 J. 拉恩。拉恩在计算时，遇到把一个整数分成几份的问题，却没有恰当的符号表示这种算法。于是他把阿拉伯人表示除法的小短线 "－" 和奥特雷德的除法记号 "：" 合二为一，用一条横线段 "－" 把两个圆点 "：" 从中间分开，产生了表示除法的新记号 "÷"，即除号。

瑞士数学家 J. 拉恩发明了除号 "÷"

英国人 R. 雷科德最早提出用平行线表示相等

等号的产生

等号"＝"用来表示两个量相等，即"等于"。"等于"是数学中最重要的关系之一。它的产生比"＋"和"－"晚大约 100 年。在没有发明这些符号以前，人们运算都要用很复杂的文字进行说明才行。1557 年，英国人 R. 雷科德认为，两条平行线是最相像的两件东西了，可以用这两条平行线来表示相等的意思。过了大约 100 年的时间，德国著名的数学家 G.W. 莱布尼茨才提出倡议，把"＝"作为等号，表示"等于"。等号"＝"由此产生。

大于号和小于号的产生

两个量之间进行比较，会得出"等于""大于"或"小于"三种结果。等于用等号"＝"表示，"大于"和"小于"怎么办呢？

1631 年，英国数学家 T. 哈里奥特首先用符号"＞"表示"大于"，"＜"表示"小于"。与哈里奥特同时代的一些数学家也创造了另外的符号表示大小关系，但都因为表示方法不容易记忆，很快就被淘汰了。而大于号"＞"和小于号"＜"则得到了人们的普遍认可，沿用至今。

英国数学家 T. 哈里奥特发明了大于号和小于号

比较符号的含义

"＝""＞""＜"统称比较符号。它们的具体含义是什么呢？

（1）等于号"＝"，表示数与数、算式与算式、数与算式的相等关系。例如：$a = b$，$5 + 8 = 10 + 3$，$a + 3 = 8$。

（2）大于号"＞"表示一个数（或算式）比另一个数（或算式）大。例如：$8 > 5$，$a > b$，$a + 3 > 8$。

（3）小于号"＜"表示一个数（或算式）比另一个数（或算式）小。例如：$5 < 8$，$b < a$，$8 < a + 3$。

比较了才有意义

比较大小

比较大小得先看式子中的比较符号。等于号两边的数（或算式）总是相等的。大于号、小于号开口朝谁，谁就大；尖儿朝谁，谁就小。让我们和等于号、大于号、小于号一起做个游戏吧！

现在做第一个游戏。

猜一猜。两个小朋友各自写好一个两位数（不要让对方看到），然后互相提问，谁提的问题最少，猜的数最准，谁获胜。例如：

小红：我写了一个两位数，
　　　请你猜一猜。

小军：这个数比 60 大吗？

小红：是的。

小军：比 80 小吗？

小红：是的。

小军：比 70 大吗？

小红：不是的。

小军：比 65 大吗？

小红：是的。

小军：是 66 吗？

小红：不是。

恭喜你，猜对了。

小红

是 67 吗？

小军

好了，再来做第二个游戏。

比一比。一副扑克牌（去掉大、小王），两个小朋友一人一半（各 26 张），把牌扣过来不要看，每人出一张牌比大小，谁的牌小谁输，谁的牌大谁赢，输方把牌交给赢方，赢方把这张牌放于自己牌的最下方。依次这样玩下去，在规定的时间内，谁的牌多谁为最终的胜利者。

密室逃脱 逃脱

闯关项目：**与蚂蚁比赛**

英国昆虫学家做过一项实验：将一只死蚱蜢切成小、中、大三块放在蚂蚁窝边。其中，中块比小块大一倍左右，大块又比中块大一倍左右。蚂蚁发现后，不到10分钟，就出动大批"蚁军"前来搬运食物。最神奇的是，它们工作有序，20只蚂蚁奔向小块蚱蜢，51只蚂蚁聚集在中块蚱蜢周围，89只蚂蚁聚在大块蚱蜢周围。蚂蚁数额、力量的分配与蚱蜢的大小和数量正好相匹配。

现在，请你来和蚂蚁比试比试，看谁更厉害吧！

闯关开始！

第 1 关

比较下列算式结果的大小，并用 ">" "<" 或 "=" 填空。

① $52 + 19$ ＿＿ $2 \times 5 \times 7$

② 97×10 ＿＿ ＿× ＿0 - 1

③ $132 + 142$ ＿＿ $2 \times 13 \times 14$

④ $25 + 25$ ＿＿ ＿5 ＿ 5

闯关答案
见第 238 页

第3关

移动一根火柴棒，使下列式子成立：

$$5 + 15 + 5 + 5 = 555$$

第2关

请在下列数字间添上适当的运算符号，使等式成立。

$$1 \ 2 \ 3 \ 4 \ 5 \ 6 \ 7 \ 8 \ 9 = 100$$

加法运算

打开课程表，我们看到星期一、星期二、星期三……星期日，把这些天数加在一起，一共有七天。我们又看到，星期一有两节数学课，星期二到星期五每天各有一节数学课，那么，我们每周共有六节数学课。这是怎么算出来的呢？它是将两个或者两个以上的数量合成一个数量的计算，这样的运算就叫加法运算。

从一加到一百

C.F. 高斯是德国数学家，从小就在计算方面表现出过人的天赋。他 10 岁时，老师在算术课上出了一道题："把 1 到 100 的整数加起来！"同学们立刻开始把一个个数字相加，算式越加越长，有的同学急得直冒汗。高斯没有马上动笔，而是观察了一会儿，便很快写出答案，第一个交给了老师。其他同学很长时间后才陆续交答案。老师却惊讶地发现只有高斯算出的结果正确，答案是 5050 ！

高斯的算法是把 $1 + 2 + 3 + \cdots + 100$ 两端的数字依次相加：$1 + 100 = 101$，$2 + 99 = 101$，$3 + 98 = 101$……依此类推，$50 + 51 = 101$，共有 50 个 101，用 $50 \times 101 = 5050$。原来，高斯找到了等差级数的对称性，然后便像求得一般等差级数和的过程一样，把数目一对对地凑在一起。

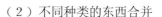

分离与凑齐

分离是把一个数分成两个或两个以上的数。如把 3 分成 1 和 2 或 1、1、1。分离利用的是加法原理。凑齐是把两个或两个以上的数合成另一个数，如把 1 和 4 合为 5，把 2、3、4 合为 9。凑齐是加法和减法的基础。

四种加法

在生活中，我们常碰到把物品相加的情况。一般来说，能相加的物品必须种类相同或者量词单位等一样。大小和量随时变化的物品是不能相加的。

量是指一个、一棵、一枚、一把等中的"个""棵""枚""把"等。它们跟在数字后面，表示物品的种类或性质。

单位是指数量的标准、大小，比如，表示重量的单位有千克、克、毫克、微克等。

最常用的加法运算有 4 种：

（1）同种类的东西合并

例如，小鸣家中的笔筒里有 5 支铅笔，他书包的铅笔盒里有 3 支铅笔，他手里拿着一支铅笔。问：他一共有多少支铅笔？

列式：$5 + 3 + 1 = 9$（支）

答案：小鸣共有 9 支铅笔。

（2）不同种类的东西合并

例如小鸣家中的笔筒里有 3 支铅笔、5 支圆珠笔和 6 支签字笔，他书包的铅笔盒里有 2 支铅笔、1 支圆珠笔和 3 支签字笔，他手里还拿着一支签字笔。问：他一共有多少支笔？

列式：$3 + 5 + 6 + 2 + 1 + 3 + 1 = 21$（支）

答案：小鸣共有 21 支笔。

（3）基数相加

例如小鸣去动物园看猴子，猴山上有 5 只猴子在玩耍，小鸣就从动物园的管理员那儿买了一把香蕉喂山上的猴子。山下的 3 只猴子见了，也跑过来要香蕉吃。过了一会儿，从猴山后面又跑出来 2 只猴子抢香蕉。问：小鸣看见了几只猴子？

列式：$5 + 3 + 2 = 10$（只）

答案：小鸣看见了 10 只猴子。

（4）序数相加

例如放学了，小菲在公交站等汽车，公交站上等车的人很多，大家排成一队，小菲排在队伍的第 9 位，后来，小菲的同学小帅也来到车站，他排在小菲后面第 3 位。问：小帅

排在队伍的第几位？

列式：$9 + 3 = 12$（位）

答案：小帅排在队伍的第 12 位。

方格纸上的加法运算

刚刚接触加法的时候，我们会把火柴棒之类的物品当作运算工具。但你知道吗？方格纸是更加方便而直观的一种加法运算工具呢！

计算前，先在方格的边线外围标上数字，角上是 0，然后沿着水平和垂直方向分别标上 5，10，15，20，…要想算出一个数和另一个的和，要怎么办呢？下面举个例子说明。

例如：要计算 $13 + 10$ 等于几，先在垂直方向找到 13，再在水平方向找到 10。然后，在 13 那个点上有一条横线往右延伸，在 10 那个点上有一条竖线往下延伸，横竖一相交，在上面用笔画一个点。如果你从这个点沿着小方格的对角线向上方跑，一直跑到边上，你看到这里是 23；你再向左下方跑到边线上，再看也是 23。这就是运算结果了：$13 + 10 = 23$（如图）。你只要用直尺在横竖方向交点上沿对角线画一条直线向两头延伸，就可以到达边上的数目"23"了。

使用这种方法，我们可以计算出 $5 + 6 = 11$，$3 + 4 = 7$，等等（如图）。

加法表

加法棋

加法棋是一种数字游戏，通过游戏可巩固 20 以内加法运算，发现规律，找到取胜的策略。游戏规则：答案只出现一次的必须先占据答题卡里的位置；有些答案出现两次，得让对方先占据答题卡里的位置……

游戏方法：两人（或两组）对弈，一方（甲方）执黑子，另一方（乙方）执白子。双方依次在加法表中填入正确的结果（已填过的就不能再填了），并且在答题卡中放入相应颜色的棋子。如甲方先算得 $1 + 3 = 4$，就在加法表相应位置填入 4 和答题卡第四格放入黑子；乙方后算，并根据自己的计算结果在答题卡中放入相应的棋子。如此轮流进行，直到算式区和答案区都没有位置放棋子时结束。

注意：

在游戏中必须遵循"覆盖规则"，即后算得此答案者，在答题卡中覆盖先算的棋子。如上面的例子乙方执白子后算出 4，则白子取代甲方的黑子，乙暂时占据答题卡中第四格。

最后计算答题卡中黑子、白子的个数，哪色棋子数比较多，执有这色棋子者就获得游戏的胜利。

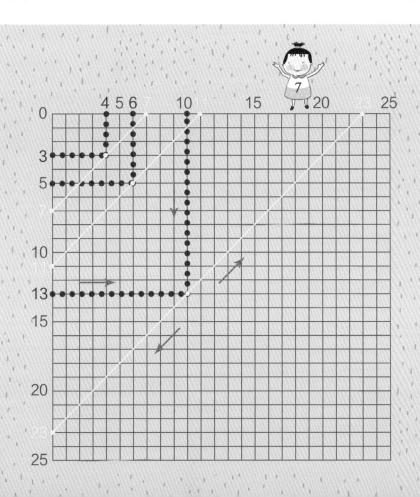

乘法运算

　　数一数自己有几个手指，家里有几个人，一般我们用"1、2、3……"可以数出；而要知道教室、电影院或剧场里有多少个座位，一般不是一个一个地数，而是先数一数有多少排，再数一数一排有多少个座位，然后再把它们乘起来。这种求相同加数的和的简便运算就是乘法运算。

中国最早的乘法口诀

　　2002 年，我国考古工作者在湖南龙山县里耶镇里耶城的古井中，挖掘出 3.7 万余枚秦代简牍，其中一枚简牍上写着"二半而一，一二而二，二二而四……四八三十二，五八四十，六八四十八……九九八十一"。这个 2000 多年前就已使用的乘法口诀表竟与我们现在使用的乘法口诀表惊人的一致，所不同的是，表中还包括"二半而一"的分数运算。

　　经考证，这是我国目前发现的最早、最完整的乘法口诀表。它不仅印证了我国春秋战国时期已普遍使用乘法和乘法口诀，还为世界算术史的研究提供了一个珍贵的实物资料。不过，在我国古代，乘法口诀的顺序曾是从"九九八十一"开始到"二二得四"为止（共 36 句），约十三四世纪时，顺序才倒过来像现在这样。因为之前乘法口诀表开头的两个字是"九九"，所以以人们把乘法口诀表称为"九九歌"。

　　现在我国使用的乘法口诀有两种：一种是 45 句的，称为"小九九"；还有一种 81 句的，称为"大九九"。

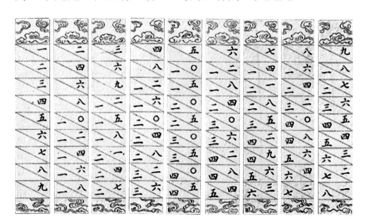

中国最早的乘法口诀表

自守数

　　数学很神奇，有令人兴奋的数字美、结构美、算法美。"自守数"就是一种神奇的数字。如果一个数和它自身相乘后，得到的乘积的尾数（一位或数位）不变，那么这个数就叫自守数。在自然数中，凡尾数是 1、5、6 的数，无论自乘多少次，得到的积的尾数仍然为 1、5、6，如 21、35、56 等都是自守数。无论它们和自身相乘多少次，积的尾数都分别为 1、5、6，例如，两个 21 自乘的积为 441，三个 21 自乘的积为 9261，它们的积的尾数都为 1。

　　再如，25 乘 25 等于 625，尾数为 25；76 乘 76 等于 5776，尾数为 76；9376 乘 9376 等于 87909376，尾数为 9376。25、76、9376 都是自守数。

奇妙的自守数

"我们都是回文数"

回文数

回文数是一种结构优美的自然数，这种数从左向右读或从右向左读都一样，所以回文数又叫对称数，如121、23432、10001、55555等都是回文数。特殊的回文数相乘，得到的乘积也是回文数，如11乘以11得121，1001乘以1001得1002001，1111乘以1111得1234321。最小的回文数是0。

头同尾合十

54×56，93×97，这两个算式有两个共同特点：每个算式中，两个因数十位上的数字相同，即"头同"；个位上的数字相加得10，即"尾合十"。具有这两种特征的算式，计

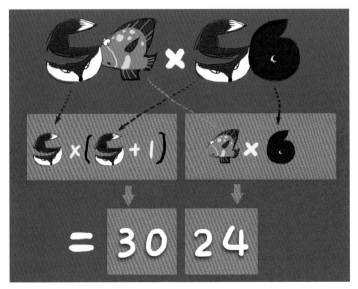

"头同尾合十"两数乘法计算

算时有一个非常好的窍门，即先把两个因数的个位相乘，得出的积直接写在原题结果的末尾，积不满10，十位上要补零。然后再用十位上的数乘以它本身加1的和，乘得的积写在两个个位积的前面。例如，在算式54×56中，被乘数54个位上是4，乘数56个位上是6，它们相乘的积为24；十位上的数是5，乘以它本身加1的和，即5×（5＋1），积为30。把30写在24前面，得到54×56的乘积结果为3024。同理，得到93×97 ＝ 9021。

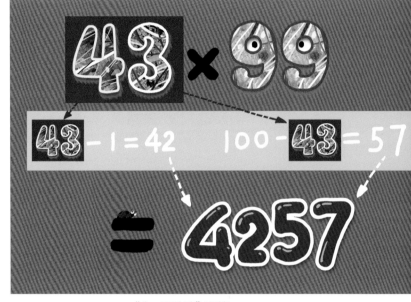

"去一添补法"巧算

去一添补法

对于算式43×99和43×999，你能很快地说出答案吗？

其实巧算这类题的关键是要抓住"去一添补"这个规律。补，就是补数，相加的和是10、100、1000……的两个数互为补数。例如：1与9互为补数、64与36互为补数。计算43×99时，把43减去1得到42，用它当积的前两位，43的补数是57，当积的最后两位，所以43×99的积就是4257。当一个两位数乘以3个或3个以上的9组成的数时，除了要"去一添补"外，还要"中间隔9"。例如：43×999等于42957，43×9999等于429957，43×99999等于4299957……

我们可以得出这样的结论：两位数与由若干个9组成的因数相乘，先把两位数去1的差当积的前两位，两位数的补数当积的后两位，在积的前两位和后两位之间添上9；9组成的因数中9的个数减2的差是几，就在积的前两位和后两位之间添上几个9。

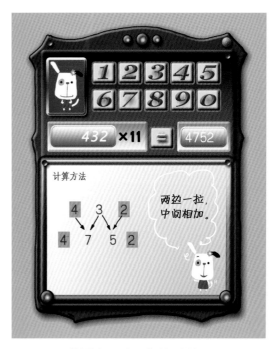

"整数与11相乘"的巧妙算法

整数与 11 相乘的巧算

$12×11 = 132$　　　$35×11 = 385$

$47×11 = 517$　　　$69×11 = 759$

观察上面每一组题，发现两位数与11相乘，只要把这个两位数拉开，个位数字当积的个位；十位数字当积的百位；个位数字与十位数字相加当积的十位，如果满十，就向百位进一。

例如：$12×11 = 132$

	竖式
	1 2
	× 1 1
1　2	1 2
V	1 2
1 3 2	1 3 2

如果一个三位数与11相乘，也可用类似规律：

例如：$432×11 = 4752$

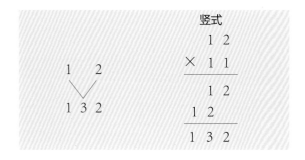

概括地说，这种方法就是"两边一拉，中间相加，满十进一"。

小孩儿打败了秀才

中国明代珠算家程大位小时候非常聪明，经常帮家里卖布。有个秀才找上门来想难为他一下，张口要买23匹布。程大位很快算出要收的钱数并写给秀才看，秀才只能付钱走了。程大位写给秀才看的就是用铺地锦方法计算的过程和结果。

铺地锦

公元15世纪，乘法的计算方法已有好几种。意大利的一本算术书中讲述了一种"橘子乘法"，后来传入我国，被称为"铺地锦"。

铺地锦的计算方法是这样的：先画一个矩形，把它分成 $m×n$ 个方格（m、n 分别为两个相乘的因数的位数）；在方格上边、右边分别写下两个因数，再用对角线把方格一分为二，分别记录上述各位数字相应乘积的十位与个位数。这些乘积由右下到左上，沿斜线方向相加，满十时向前进一，最后得到结果（方格左侧与下方数字依次排列）。例如：计算 $28×49$ 时，把第一因数28写在格子图的上面（如图1），对应左右两列格子；第二因数49写在格子图的右面，对应上下两排格子。然后把8和4的乘积32写在8下面第一排的方格里，十位数3写在斜线的左侧，个位数2写在斜线的右侧；同理，把2和4的乘积8写在2下面第一行格子里，8是个位数，填入斜线右侧。

再做28对应9的计算，按与上面同样的方法，将8和9的乘积72和2和9的乘积18，分别填入第二行格子。然后从最右边起把同一斜线框里面的数全部加起来，如最右面的斜线只有一个2就在相应框外写2；第二斜线里面有2、7、8加起来等于17，就在框外写7同时往前一个斜线栏里进1；第三斜线里面有3、8、1，加上刚才前面进的1，等于13，写3进1；最后一个斜线框里没有数字，相当于0，加上刚才进的1，就写1。最后按照从左上到右下的顺序依次写下来的数字是1372，那么 $28×49 = 1372$。

依据上述例题的运算方法，我们还可以进行更大数值的乘法运算，如 $355×718$ 的运算结果为254890（如图2）。

图1

图2

学习数学

XUEXI SHUXUE

除法运算

用 10 加上 3，减去 5，再加上 3，再减去 5……这样连续做下去，多少次减 5 之后结果得到 0？如果你按题目直接计算，不仅麻烦，而且计算后还要去数一数算了几次。只要动动脑筋，你就会发现，把加 3、减 5 看成一次计算，实际上只减去了 2，这题就变成了 10 减去 2，减几次得 0？也就是求 10 里面有几个 2，即把一个数平均分成几份，求一份是多少和求一个数里面有几个另一个数，这样的运算叫除法运算。

判断数的整除

看一个整数能不能被另一个整数整除，可以把它分为以下几种情况来判断：

（1）看末位数

如果某数的个位数是 2、4、6、8、0 中的一个，那么这个数能被 2 整除；如果个位数是 5 或 0，则这个数能被 5 整除。

（2）看末两位

如果一个数的末两位数能被 4 或 25 整除，那么这个数也能被 4 或 25 整除，如 6748 的末两位数字组成的数是 48，48 能被 4 整除，所以 6748 就能被 4 整除；2693775 的末两位数字组成的数是 75，75 能被 25 整除，所以 2693775 能被 25 整除。

（3）看末三位

如果一个数的末三位数能被 8 或 125 整除，那么这个数也能被 8 或 125 整除，如 2104 的末三位数字组成的数是 104，能被 8 整除，所以 2104 能被 8 整除；3076560 的末三位数字组成的数是 560，560 不能被 125 整除，所以 3076560 就不能被 125 整除。

（4）看各个数位的数字和

如果一个数的各个数位上的数字和能被 3 或 9 整除，那么这个数也能被 3 或 9 整除。如 30945 各个数位的数字和是：

$$3 + 0 + 9 + 4 + 5 = 21$$

21 能被 3 整除，所以 30945 也能被 3 整除。21 不能被 9 整除，所以 30945 也不能被 9 整除。

（5）判断一个数能不能被 6、15、35 等数整除

可以先把 6、15、35 等分解质因数，然后再判断该数能不能同时整除每个质因数。

3 整除，如数 72 中，$7 + 2 = 9$，9 能被 3 整除，所以 72 也能被 3 整除。还有一些其他的方法也能判断一个数能否被 3 整除。如：①先去掉这个数各位上是 3、6、9 的数，把余下数位上的数相加，并去掉相加过程中凑成 3、6、9 的数，看剩下数位上的数能否被 3 整除。如果剩下数位上的数能被 3 整除，那么这个数就能被 3 整除，反之不能，如 49235 中，先去掉十位上的数字 3 和千位上的数字 9，则剩下 425，又由于 $4 + 5 = 9$，于是再去掉数字 4 和 5，剩下的数字 2 不能被 3 整除，所以 49235 也不能被 3 整除。②由三个相同的数字组成的三位数一定能被 3 整除，如 555、777 都能被 3 整除。③连续的三个自然数组成的数也一定能被 3 整除，如 678、789，各个数位上的数字和是 3 的倍数，所以这样的数一定能被 3 整除。

能被 3 整除的数要符合三个条件之一

判断一个数能否被 3 整除

判断一个数能否被 3 整除，通常看这个数的各个数位上数的和能不能被 3 整除，如果能被 3 整除，那么这个数也就能被

自然数的约数

如果一个数 a 能被另一个数 b 整除，数 b 就称为数 a 的约数。任何一个非零自然数，它的最大约数是它本身，最小

自然数的约数

数分解质因数，然后把相同质因数的个数加上1相乘，得到的积就是这个合数的约数的个数。例如，要算出360的约数个数，先把360分解质因数，得到360＝2×2×2×3×3×5。可见，360是由3个2、2个3、1个5相乘得到的，把360各个相同质因数的个数3个、2个、1个，分别加1再相乘，所得到的积是（3＋1）×（2＋1）×（1＋1）＝24，所以，360有24个约数。

最大公约数和最小公倍数

能同时整除几个整数的整数被称为这几个整数的公约数，如4能同时整除8和32，所以4是8和32的公约数。有时候几个整数的公约数不只有一个，那么最大的那个就被称为最大公约数，如8和32的最大公约数是8。如果一个整数能同时被几个整数整除，那么这个整数就被称为这几个数的公倍数。如48能同时被3、6、12整除，所以48是3、6、12的公倍数。由于公倍数的倍数也是这些整数的公倍数，所以任意几个整数的公倍数有无数个，其中最小的那个被称为最小公倍数，如3、6、12的最小公倍数是12。

约数是1。如6的约数有1、2、3、6。任何一个非零自然数的约数都是有限的，一般找一个数的约数有3种方法：

（1）用约数的概念，从小到大一个一个地找。具体做法是，按照自然数列的顺序依次用1、2、3、4、5……去除这个自然数，凡是能整除这个自然数的，都是这个自然数的约数，一直除到除数比商大为止。

（2）依据"数 a 能被数 b 整除时，商和除数 b 都是被除数 a 的约数"，从小到大一对一对地找。如求12的约数时，先找出它的最小约数1，由12÷1＝12（或1×12＝12），得出1和12都是12的约数；再找出12的约数2，由12÷2＝6（或2×6＝12），得出12的另一对约数2和6；接着由12÷3＝4（或3×4＝12）得出12的最后一对约数3和4，所以12的约数有1、2、3、4、6、12。遇到相同的一对约数，为了不重复，只写一个，用这种方法找约数既快，又不会遗漏和重复。

（3）分解质因数法。以60＝2×2×3×5为例，每个质因数都是这个合数的约数；两个或两个以上质因数相乘的积，也是这个合数的约数。即60的约数除1外，还有2、3、5、4（2×2）、6（2×3）、10（2×5）、15（3×5）、12（2×2×3）、20（2×2×5）、30（2×3×5）和60（2×2×3×5）。

我是上面三个数的最小公倍数

最小公倍数

巧算约数的个数

一个质数只有两个约数，一个合数至少有三个约数。如果我们要写出一个较大合数的所有约数，最好能先确定这个合数的约数有几个，这可以用分解质因数的方法来找。先把这个

用辗转相除法求最大公约数

辗转相除法又叫欧几里得算法，是计算两个数的最大公约数的重要方法。它的算法思想是，两数相除，当余数不为0时，把除数的值赋予被除数，余数的值赋予除数，一直循环，

直到余数为 0，这时的除数便为两个数的最大公约数。用辗转相除法求两个数的最大公约数的步骤如下：

先用较小数除较大数，得第一个余数；再用第一个余数除较小数，得第二个余数；又用第二个余数除第一个余数，得第三个余数；这样逐次用后一个余数去除前一个余数，直到余数是 0 为止。那么，最后一个除数就是所求的最大公约数。如果最后的除数是 1，那么，原来的两个数是互质数，如求 1515 与 600 的最大公约数时，我们可以按下面的步骤来计算：

（1）用 600 除 1515，

即 $1515 \div 600 = 2 \cdots\cdots 315$；

（2）用 315 除 600，

即 $600 \div 315 = 1 \cdots\cdots 285$；

（3）用 285 除 315，

即 $315 \div 285 = 1 \cdots\cdots 30$；

（4）用 30 除 285，

即 $285 \div 30 = 9 \cdots\cdots 15$；

（5）用 15 除 30，

即 $30 \div 15 = 2$。

所以 1515 和 600 的最大公约数是 15。

辗转相除法是求两个数的最大公约数的方法。如果求几个数的最大公约数，可以先求两个数的最大公约数，再求这个最大公约数与第三个数的最大公约数。这样依次下去，直到最后一个数为止。最后所得的一个最大公约数，就是所求的几个数的最大公约数。

求最大公约数

判断互质数

公约数只有 1 的两个数被称为互质数。要判断两个数是不是互质数，有几种不同的方法。

判断互质数的简便方法

（1）找规律判断

根据互质数的定义，可总结出一些规律，利用这些规律能迅速、直接地判断出两个数是不是互质数。

规律：两个不相同的质数一定是互质数；两个连续的自然数一定是互质数；相邻的两个奇数一定是互质数；1 与任何自然数都是互质数；如果两个数中较大数为质数，那么这两个数一定是互质数；如果两个数中较小的一个是质数，较大数是合数但不是较小数的倍数，那么这两个数一定是互质数；如果较大数比较小数的 2 倍多 1 或少 1，那么这两个数一定是互质数；2 与任何一个奇数一定是互质数等。

（2）分解判断

如果两个数都是合数，可以先将这两个数分别分解质因数，再看两个数是否含有相同的质因数，如果没有，这两个数就是互质数，如 130 和 231，先将它们分解质因数：$130 = 2 \times 5 \times 13$，$231 = 3 \times 7 \times 11$。分解后，发现它们没有相同的质因数，所以 130 和 231 是互质数。

（3）求差判断

如果两个数相差不大，可先求出它们的差，再看差与其中较小数是否互质。如果是互质数，则原来两个数一定是互质数，如 194 和 201，先求出它们的差，$201 - 194 = 7$。因为 7 和 194 互质，所以 194 和 201 是互质数。

（4）求商判断

用大数除以小数，如果除得的余数与其中较小数互质，则原来两个数是互质数，如 317 和 52，因为 $317 \div 52 = 6 \cdots\cdots 5$，余数 5 与 52 互质，所以 317 和 52 是互质数。

在一组数中，如果任意两个数都是互质数，那么我们说这组数两两互质，如 5、8 和 9。

巧记质数

质数又称素数，指在一个大于1的自然数中，除了1和整数自身外，不能被其他自然数整除的数。100以内的质数有25个，2和3是所有素数中唯一两个连着的数，2是唯一一个为偶数的质数，其余的可以用巧妙的方法来记忆。

（1）歌谣记忆法

二、三、五、七和十一；

十三、十九、一十七；

二三、二九、三十一；

三七、四一、四十七；

四三、五三、五十九；

六一、七一、六十七；

七三、八三、八十九；

再加七九、九十七。

（2）找规律记忆法

100以内的质数存在着这样的规律：除质数2、3外，其余质数都是6的倍数加上1或减去1。所以，只要删除6的倍数加上1和减去1的数中的合数，直到97为止，剩下的数再加上2和3，就是100以内的25个质数。

（3）分类记忆法

把100以内的质数分为5类：第一类是20以内的质数，有2、3、5、7、11、13、17、19；第二类是十位为2、5、8，个位分别是3和9，即23、29、53、59、83、89；第三类是十位为3和6，个位分别是1和7，即31、37、61、67；第四类是十位为4和7，个位分别是1和3，即41、43、71、73；第五类是剩下的三个数47、79、97。

歌谣记忆质数法

质因数是这样分解和重组的

质因数重组

把一个合数分解为几个质数相乘的形式，叫分解质因数。分解质因数时通常按照质数从小到大的顺序来整除合数，直到不能分解为止，如1092可以写成$2×2×3×7×13$。此处，2、3、7和13都是不可继续分解的质数了。

分解质因数在日常生活中应用广泛，解决问题时我们常常要把合数进行分解质因数，并根据要求调整质因数的组合方式。

例题：一个长方体的长、宽、高是三个连续的自然数，它的体积是39270立方厘米，那么，这个长方体的长、宽、高各是多少呢？

解析：我们可以根据长方体体积与长、宽、高的关系，把长方体体积分解质因数：

$39270 = 2×3×5×7×11×17$

然后调整质因数的组合方式，把质因数进行重组，以满足"长、宽、高是三个连续的自然数"的要求：

$$39270 = 2×3×5×7×11×17$$
$$= （5×7）×（2×17）×（3×11）$$
$$= 35×34×33$$

所以，长方体的长、宽、高分别是35、34、33。

用分解质因数的方法解决有关问题时，要善于根据解题需要，把分解后的质因数进行重组，写成几个数连乘的形式。

密室逃脱 逃脱迷

闯关项目：**玩扑克**

扑克是一种中外都非常流行的纸牌游戏。它有 54 张牌。其中，52 张是正牌，2 张是副牌（大王和小王）。52 张正牌又分为黑桃、红桃、草花、方块四种花色，每种花色各有 13 张牌。扑克游戏有许多玩法，如 13 点、24 点、加减乘除等。下面的闯关题都是关于玩扑克的，你能闯过几关呢？

闯关开始！

第 1 关

请将右侧每组四张牌上的数值进行＋、－、×、÷运算，使结果等于 24。

第3关

下面的 9 张牌中，随便挑出三张来，但任意两张牌都不能来自同一行或同一列。用这三张牌上的数点分别组成一个三位数，能被 3 整除的三位数占所有可能组成的三位数的比例是多少？

闯关答案
见第 238 页

第2关

有 9 张纸牌，分别为 1～9。A、B、C、D 四人取牌，每人取两张。现已知 A 取的两张牌之和是 10，B 取的两张牌之差是 1，C 取的两张牌之积是 24，D 取的两张牌之商是 3。请说出他们四人各拿了哪两张牌，剩下的一张牌又是什么。

平均数

我们常说"高低不平""上下波动"，也常说"不进则退""潮起潮落"……无论哪种说法，都暗含着一个处于中间状态的比较值，它不上不下，不多不少。这个值就是平均值。生活中经常出现"平均"一词，如篮球运动员的平均身高、汽车行驶的平均速度、居家过日子的月平均消费额等，它们都与平均数有关。可到底什么是平均数呢？

平均数的概念

古希腊数学家毕达哥拉斯所定义的算术平均值是指这样一个数：它超过第一个数的量正好等于第二个数超过它的量，即算术平均值就是两数中间的值。对给定的两个数 a 和 b，其算术平均值为 $\dfrac{(a+b)}{2}$。今天我们常称这个平均值为平均数。求 a_1，a_2，a_3，…，a_n 的平均数，我们先求所有项的和，然后再除以项数得到 $\dfrac{(a_1+a_2+a_3+\cdots+a_n)}{n}$。

毕达哥拉斯的平均数

这里游泳危险吗？

生活中的平均数

在生活中经常用到或见到"平均"一词。例如，足球比赛正在紧张地进行着，解说员正在介绍中国队的出场阵容："各位观众，我国共有 11 名队员参赛，场上的平均身高为 1.8 米。"11 名队员平均身高 1.8 米，说明这 11 名队员有的人不到 1.8 米，有的人高于 1.8 米，有的人可能正好 1.8 米。又如，星期天，爸爸带小明去河边游泳。来到河边，小明看到岸上竖着一个牌子，上面写道："平均水深 1.2 米。"小明的身高是 1.5 米，请你帮助判断一下：小明若是初学者，他在这里游泳有没有危险呢？

你应如何进行正确的判断呢？这离不开对"平均数"的理解。"平均数"有很多种，简单的"平均数"是指几个数的算术平均值。平均水深 1.2 米，意味着每一处的水深可能都是 1.2 米，也可能是有的地方比 1.2 米深，有的地方不到 1.2 米。身高 1.5 米的小明在这条河里游泳时，如果每一处的水深都不超过 1.2 米，那么小明在这里游泳就可能没有危险；如果有的地方比 1.2 米深，小明在这里游泳就可能有危险。你看，平均数这个概念，在生活中很有用哟！

篮球队员的平均身高

取最小数法求平均数

"取最小数法"就是以一列数中最小的那个数为标准，求平均数的一种方法。比如，篮球赛场上某个队的5名队员身高分别为170厘米、150厘米、160厘米、180厘米、140厘米，求这组队员的平均身高。

解析：可以将这5人中最矮的140厘米的身高作为标准，把每个人多出来的部分平均分配，求出平均数。

140＋（30＋10＋20＋40）÷5＝160（厘米）

所以，这组队员的平均身高是160厘米。

基准数求平均

基准数也就是标准数，它是我们人为假设的一个数。在求几个数的平均数时，先在这些数中确定一个基准数，再求出每一个数与基准数差的和除以数的个数，最后加上基准数，就是所求的平均数。例如，某校学生为贫困山区失学的少年儿童捐款，各班捐款的数额如下（单位：元）：71、68、69、76、71、72、64、73、67、79，那么平均每班的捐款钱数是多少？解题时可以把70作为基准数，再求出每个数与70的差的和再除以数的个数，即用（1－2－1＋6＋1＋2－6＋3－

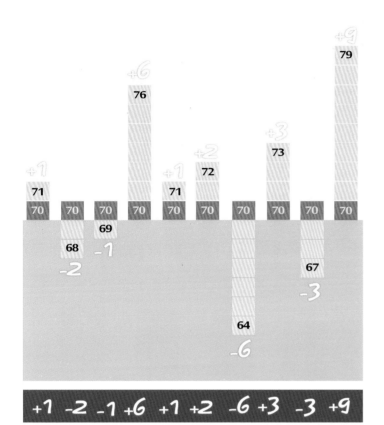

取 70 为基准数求平均值

3＋9）÷10，最后加上基准数 70，这样就得到该校平均每班捐款为 71 元。

用这种方法求平均数速度快且计算量小。

移多补少求平均

移多补少求平均是求平均数最基本的方法，它是把大数给小数一些，使几个数都相等，也就是把几个数之间的"差"扯平。例如，小红、小明、小丽和小强 4 人，每人出同样多的钱买了一些同样的小礼物，小明拿了 10 个，小强拿了 6 个，小红拿了 5 个，小丽拿了 7 个，结果小红不高兴了。怎样解决这个问题呢？

我们用图表示他们各自拿到的礼物数，那么如何分配最合理呢？

用移多补少的方法可以使 4 人得到的礼物数同样多，也就是求出 4 人所得礼物的平均件数——7。7 是 10、6、5、7 的平均数。那么只要小明将多拿的礼物移出，补给少拿礼物的小强和小红，使他俩也各有 7 件礼物，问题便可解决了。

用移多补少的方法平均分配礼物

闯关项目：篮球比赛

我们都爱看篮球比赛，它是参战双方智慧的竞技，速度的比拼，常常高潮迭起，牵动着无数观众的心。

篮球赛是在一个长 28 米、宽 15 米的长方形无障碍场地上进行的，两端各有一个篮球架，进攻一方将球投入球篮则得分。

篮球赛的得分分值有三种：

1 分：防守方有犯规发生时，进攻方取得罚球机会，每个罚球进球得 1 分。

2 分：进攻方在三分线以内（包括踩三分线）投球命中，每球得 2 分。

3 分：进攻方在三分线以外投球命中，每球得 3 分。

每场篮球赛分两个半场共 4 节，每节 12 分钟。加时赛为 5 分钟。

也许你没想过，这么刺激感性的篮球比赛也离不开理性的数学吧？

闯关开始！

第 1 关

红星小学男子篮球队的队员平均身高是 160 厘米，那么，个别队员的身高有没有可能是 169 厘米或者 153 厘米，为什么？

下表是这场篮球赛中两个队中得分最高的两个球员的积分表。请问：谁将获得本场比赛的"最高得分手"称号？姚小明和乔小丹，谁的投篮得分率更高些？

	第一节		第二节		第三节		第四节	
	得分	投次	得分	投次	得分	投次	得分	投次
姚小明	13	8	14	9	20	11	15	10
乔小丹	15	7	16	9	18	10	11	7

闯关答案
见第 239 页

第**2**关

怎样移动，才能使下列每排篮球的个数一样多？

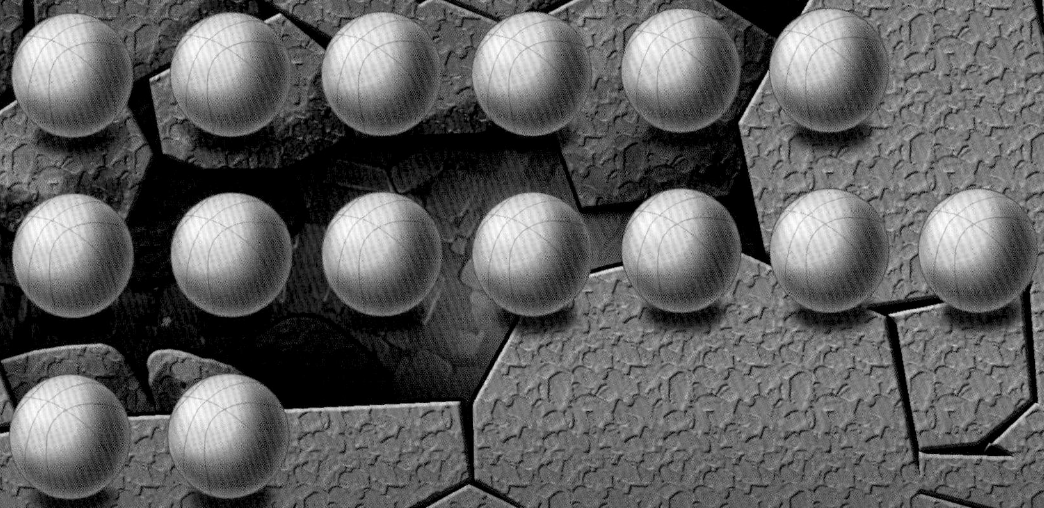

代数

  "代数"是"代数学"的简称，是用符号代替数字来研究数的运算性质和规律的一种方法。它是由算术演变而来的，在做应用题的时候，我们可以将题目中的某个未知量设为 x，然后根据题意列出方程求解。初等代数研究的对象主要就是代数式的运算和方程的求解。

这里的数是几，就是几次多项式。

多项式

多项式

  多项式是在单项式的基础上发展而来的。由几个单项式的和组成的代数式被称为多项式。在多项式中，每个单项式是多项式的项，不含字母的项叫常项。比如多项式 $x^2 - 3xy + 2$ 共有 3 项，分别是 x^2、$-3xy$、2。

  在多项式里，次数最高项的次数，就是这个多项式的次数。例如，$2a + b$ 是一次二项式；$x^2 - 3x + 2$ 是二次三项式；$m^3 - 3n^3 - 2m + 2n$ 是三次四项式。

简易方程

  方程 $ax \pm (x \div b) = c$（a、b、c 是常数）叫简易方程。其中，x 是未知数。在求解应用题时，用列简易方程的方法，往往是最简便的方法。列方程解应用题的关键是找出等量关系和设定好未知数。例如，某农场有 400 公顷小麦，前 3 天每天收割 70 公顷，剩下的要在 2 天内收割完，平均每天要收割多少公顷小麦？在这里，等量关系是：割麦总数＝前 3 天割麦数＋后 2 天割麦数。根据这个关系式，可列出简易方程：$70 \times 3 + 2x = 400$。所以，后两天每天平均要收割 95 公顷小麦。

解方程

  在用列方程的方法解应用题时，列出方程是第一步，接下来还要解出方程。能使方程等号左右相等的未知数的值，是方程的解。求出方程解的过程，就是解方程。解方程的方法有多种。例如，①估算法。它是刚学解方程时的入门方法，即直接估计方程的解，再代入原方程验证。②应用等式的性质求解法。等式两边同时加上或减去同一个数，等式仍然成立；等式两边同时乘以或除以同一个非零的数，等式仍然成立。③合并同类项法。这种方法是想办法让方程变形为单项式。④移项法。求解时，将含未知数的项移到左边，把常数项移到右边。例如，解方程 $2x + 8 = 16$ 时，把等号左边的常项移到右边，得到 $2x = 16 - 8$，即 $2x = 8$，再除以未知数前的系数 2，得到 $x = 4$。所以这个方程的解是 4。

  不要忘了哦，解完方程，还要将结果代入原方程验证答案。

代数方程

  代数方程是未知数和常数进行有限次代数运算所组成的方程，有时也特指整数方程，即由多项式组成的方程。在代数方程中，通常用元和次来表示方程的形式。元是指方程中包含的未知数个数，一元就是只有一个未知数，二元就是有两个不同的未知数；次是未知数的最高指数幂，所以有一元一次方程、一元二次方程等说法。一元一次方程都可化为其标准形式 $ax + b = 0$（$a \neq 0$）。解一元一次方程通常使用以下五步进行求解："去分母""去括号""移项""合并同类项""系数化为 1"。解一元 n 次方程（$n \geq 2$，n 为正

整数）往往可以通过因式分解，将原式化为 n 个一次因式的乘积，进而解出方程所有的根。

行列式

在数学中，行列式是由解线性方程组产生的一种算式。行列式概念最早出现在解线性方程组的过程中。它的提出可以追溯到 17 世纪，日本数学家关孝和与德国数学家 G.W. 莱布尼茨的著作中已经使用行列式来确定线性方程组解的个数以及形式。

从 18 世纪开始，在数学研究中，行列式开始成为一个独立的数学概念。

矩阵

在数学中，矩阵是指按照矩形阵列排列的数的集合。它最早来自方程组的系数及常数所构成的方阵。国际数学界公认这一概念是由 19 世纪英国数学家 A. 凯利首先提出的。其实，早在汉代成书的《九章算术》中，我国古代数学家就用分离系数法表示线性方程组，得到了增广矩阵。但当时的人并不理解现在的矩阵概念，只是把增广矩阵作为线性方程组的标准表示与处理方式。

矩阵是高等代数学中的常见工具，也常见于统计分析等应用数学学科中。在天体物理、量子力学等领域，还会出现无穷维的矩阵。

G.W. 莱布尼茨与关孝和都发现了行列式的用处

奇妙的幻方

传说上古伏羲氏时，有龙马从黄河里跳出来，背上负着河图；有神龟从洛水里跳出来，背上负着洛书。伏羲氏根据河图、洛书演化成八卦。洛书便是最早的幻方，用现代数学语言解释，就是用 1～9 九个数字，填在九个格子里，使每一横行、每一竖列以及两条对角线上 3 个数字的和都等于 15。

用数学语言表述，幻方是指在 $n×n$（n 行 n 列）的方格里，既不重复又不遗漏地填上 n 个连续的自然数，每个数占一格，并使排在任一行、任一列和两条对角线上的几个自然数的和都相等，这个和叫幻和，n 叫幻方的阶，这样的数表叫 n 阶幻方。

河图　　洛书

龟背上的洛书

九子排列法

用 1～9 这九个数编排一个三阶幻方，这是我国古代的三阶幻方构造的方法。我国宋代数学家杨辉总结"洛书"幻方的编排方法是"九子排列、上下对易、左右相更、四维挺出"。

九子排列法第一步就是把 1～9 按第 1 幅图排列出来，叫九子排列；第二步把上下的 9 和 1 对换，叫上下对易；第三步把左右两个数 3 和 7 对换，叫左右相更；第四步把 4，2，8，6 四个数突出来，叫四维挺出，就构成三阶幻方了。

巴舍法

巴舍法制作三阶幻方的方法是，假设有一个三行三列的格子（图1），先在两侧制造阳台，上下造天台、地下室（图2），再爬梯填数（图3），把原来没有的阳台、天台、地下室的数填到它所在位置的对面（图4）。最后，把所造两侧的阳台、天台、地下室及里边的数去掉，三阶幻方就制作成功了（图5）。

九子排列　　上下对易　　左右相更

图1　　　　图2　　　　图3

四维挺出　　中国古代三阶幻方

4	9	2
3	5	7
8	1	6

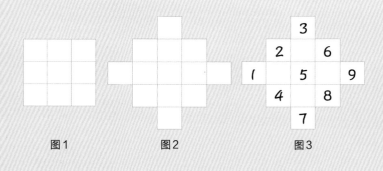

图4　　　　图5

巴舍法制作三阶幻方

罗伯法

用罗伯法可以构造出所有的奇数阶幻方。罗伯法还有个口诀：

1 居上行正中央，依次斜填切莫忘；

上出格时往下写，右出格时左边放；

排重便在下格填，右上出格一个样。

具体填法如下：

（1）在第一行正中央的方格内填 1。

（2）按斜上行方向，在 1 的右上方格内填 2，但出格了，所以将 2 填在所在一列的最下边的一个方格内（如图 1）。

（3）按斜上行方向，在 2 的右上一个方格内填 3，又出格了，这时将 3 填在所在一行的最左边一个方格内（如图 2）。

（4）按斜行方向，在 3 的右上一格填 4，但与 1 重合了，这时把 4 改填在与 3 相邻下边的一个方格内（如图 3），然后依次填 5、6 在右上相邻的方格内。

（5）按斜行方向，在 6 的右上一格内填 7，但出了表的右上角，这时把 7 改填在与 6 相邻的下边一个方格内（如图 4）。

（6）把 8、9 填入，8 出格了，将 8 填入所在行的最左边的一个方格。按斜行方向填 9，9 出格了，将 9 填在所在一列的最下边的一个方格内（如图 5）。

罗伯法不仅可以编制三阶幻方，而且可以编排制作任何奇数阶幻方。

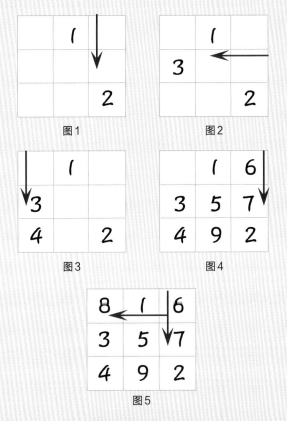

罗伯法制作三阶幻方

四阶幻方的编制

将 1～16 这 16 个数填入 4×4 的幻方中，使每一横行、竖列、对角线的 4 个数的和都相等。

（1）在对角线的 4 个方格中画上点做标记（如图 1）。

（2）按箭头 A 所示的方向数 1～16，数到做了标记的方格便把相应的数填入方格。

（3）按箭头 B 所示的方向（反向）数 1～16，数到未做标记的方格时，把相应的数字填入方格中。

按上面的操作便可编制四阶幻方了。

我们经过验证得到四阶幻方的每一行每一列两条对角线的数的和都是 34（如图 2）。

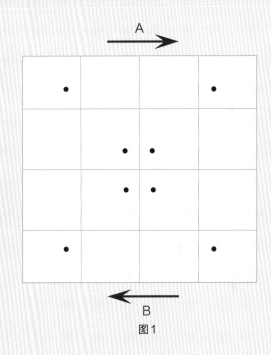

图1

图2

四阶幻方的编制图示

密室逃脱

闯关项目：填数游戏

1977 年，美国发射宇宙飞船"旅行者 1 号"和"旅行者 2 号"，去寻找外星文明。飞船除了携带向外星人致意的问候信号外，还带有一些图片，其中一张图片上就是一个四阶幻方图。科学家们设想，地球人的语言文字无法与外星人直接交流，但外星人也许能看得懂幻方这种图形。

你能帮助外星人"翻译"这种充满妙趣的图形吗？

闯关开始！

第1关

德国画家 A. 丢勒在 1514 年创作了一幅铜版画《忧郁》，画面中包含一个幻方，每行、每列、每条对角线的数字相加的结果都是 34。你能填出空格中丢失的数字吗？

假如一个 n×n 的幻方，其每行、每列、每条对角线上的数字之和都不相等，那么这种幻方，就叫"反幻方"。有位美国著名科普兼科幻作家写道："这些外星人正在做另外一道数学题。假使你在他们之前做出来了，你就可以获得 100 万美元的奖励。题目是在 4×4 的正方形里填上 1～16 这些自然数，要求不重复、不遗漏，每行、每列、每条对角线上的数字之和都不相等，而且这些和还要是连续的自然数。"请试试看，你能填出这个反幻方吗？

6		9	
	12		11
10		14	
	15		2

闯关答案
见第 239 页

请你将 1 至 7 七个自然数填入图中的"○"中，使每个圆周和三条直线上三个数之和都相等。

数列、排列
与组合

数列

若干个数排成一列，称为数列。一个数列的各位数之间，存在着一定的规律，如 1，3，5，7，9，11，…相邻的两个数，后一位与前一位之差为 2，这就是它们之间的关系。这种规律常常出现在智力测验题中，如 1，3，6，10，（ ）。括号内应该填什么数字？答案是 15。为什么呢？读完下面的内容，你会有所领悟的。

等差数列

观察下列数列的特点：① 4，5，6，7，… ② 1，3，5，7，… ③ 1，1，1，1，…这 3 个数列从第二项起，每一项与它前一项的差分别等于同一个常数。例如，第二个数列中每一后项与它前一项的差都等于 2。像这样，如果一个数列从第二项起，每一项与它前一项的差等于同一个常数，那么这个数列就被称为等差数列，这个常数就是等差数列的公差。公差通常用字母 d 表示。

如果一个数列是等差数列，公差为 d，则这个数列可表示为 $a_1, a_1 + d, a_1 + 2d, \cdots, a_1 + (n-1)d, \cdots$ 简写成 $\{a_1 + (n-1)d\}$。任何一个等差数列都可以用通项公式表示。已知 a_1 和公差 d，则 $a_n = a_1 + (n-1)d$。

这排树上的椰子数也是等差数列

这排房子的窗户数量能组成等差数列

生活中的等差数列

生活中的等比数列

等比数列

国际象棋约起源于公元 2 ～ 4 世纪时的印度，关于国际象棋有这样一个传说。

国王要奖赏国际象棋的发明者，问他有什么要求，发明者说："请在棋盘上的第一个格子里放上 1 颗麦粒，在第二个格子里放上 2 颗麦粒，在第三个格子里放上 4 颗麦粒，在第四个格子里放上 8 颗麦粒，依此类推，每个格子里放的麦粒数都是前一个格子里放的麦粒数的 2 倍，直到第 64 个格子。请给我足够的粮食来实现上述要求。"国王觉得这并不是很难办到的事，就欣然同意了他的要求。那么国王真的有能力满足发明者的要求吗？

让我们一起来分析一下。由于每个格子里的麦粒数都是前一个格子里的麦粒数的 2 倍，国际象棋的棋盘上共有 8 行 8 列，构成 64 个格子，各个格子里的麦粒数依次是 1，2，2^2，2^3，2^4，…，2^{63}。这些麦粒的和约为 184 亿亿粒，相当于当时全世界麦粒总数的 10 倍，国王无论如何也拿不出这么多麦子。

在这个数列中，从第二项起，每一项与它前一项的比都等于 2。像这样如果一个数列从第二项起，每一项与它前一项的比等于同一个常数，这个数列就叫等比数列，这个常数被称为等比数列的公比，通常用字母 q 表示。如果一个数列是等比数列，第一项是 a_1，公比为 q，那么该数列可表示为 a_1，a_1q，a_1q^2，…，a_1q^{n-1}，…可简写成 $\{a_1q^{n-1}\}$。

调和数列

调和数列是自然数的倒数构成的数列，如 1，$\frac{1}{2}$，$\frac{1}{3}$，$\frac{1}{4}$，$\frac{1}{5}$，$\frac{1}{6}$，$\frac{1}{7}$，$\frac{1}{8}$，$\frac{1}{9}$，$\frac{1}{10}$，…

排列与组合

一个由 40 人组成的班级参加军训，教官从中挑出 20 个人排成一排或者几排，像这种从给定个数的元素中取出指定个数的元素进行排序的情况，就叫"排列"；从给定个数的元素中仅仅取出指定个数的元素，不考虑排序，就是组合。排列与组合是生活中经常遇到的数学问题。

车票的种类

往返于南京和上海之间的高速列车沿途要停靠镇江、常州、无锡、苏州 4 站，那么，铁路部门要为这趟列车准备多少种车票？

我们可以根据列车的往与返把车票分为两大类。在第一大类中，我们又可以根据乘客在乘车时所在起点站不同分为以下几种情况来思考：

（1）从南京出发的：南京—镇江，南京—常州，南京—无锡，南京—苏州，南京—上海 5 种。

（2）从镇江出发的：镇江—常州，镇江—无锡，镇江—苏州，镇江—上海 4 种。

（3）从常州出发的：常州—无锡，常州—苏州，常州—上海 3 种。

（4）从无锡出发的：无锡—苏州，无锡—上海 2 种。

（5）从苏州出发的：苏州—上海 1 种。

在第一大类中铁路部门要准备的车票有 $5+4+3+2+1=15$（种）。

我们可以用同样的方法将回来的车票分类，它的种类与第一大类完全相同。因此一共要准备的车票应该是 $15+15=30$（种）。

邮资的组成

如果一个人手中有 4 张 5 角的邮票和 3 张 1 元的邮票，用这些邮票可以组成多少种不同的邮资？

我们可以列举出所有的情况：

（1）4 张 5 角的邮票可组成 4 种邮资：1 张 5 角，2 张 5 角组成 1 元，3 张五角组成 1 元 5 角，4 张 5 角组成 2 元。

（2）3 张 1 元的邮票可组成 3 种邮资：1 张 1 元，2 张 1 元组成 2 元，3 张 1 元组成 3 元。

（3）两种邮资搭配可组成 12 种邮资：

5 角＋1 元＝1 元 5 角

1 元＋1 元＝2 元

5 角＋2 元＝2 元 5 角

1 元＋2 元＝3 元

5 角＋3 元＝3 元 5 角

1 元＋3 元＝4 元

1 元 5 角＋1 元＝2 元 5 角

2 元＋1 元＝3 元

1 元 5 角＋2 元＝3 元 5 角

2 元＋2 元＝4 元

1 元 5 角＋3 元＝4 元 5 角

2 元＋3 元＝5 元

减去 9 种结果相同的邮资，最后得到 $4+3+12-9=10$ 种不同的邮资。

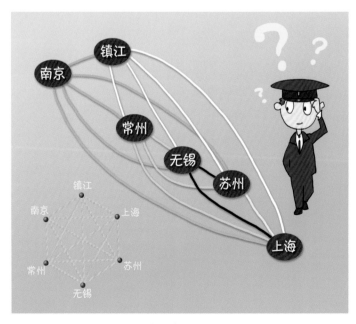

车票中的数学

帽子和围巾的搭配

商店里 4 种帽子的定价分别是 9 元、12 元、10 元和 7 元，3 种围巾的定价是 8 元、7 元和 11 元。如果一顶帽子配一条围巾，那么不同价钱的帽子和围巾一共有多少种搭配方式？

把各种不同价钱的帽子都配同一条围巾，有 3 种情况：

（1）不同价钱的帽子搭配 8 元钱的围巾

	9	12	10	7
+	8	8	8	8
	17	20	18	15

（2）不同价钱的帽子搭配 7 元钱的围巾

	9	12	10	7
+	7	7	7	7
	16	19	17	14

（3）不同价钱的帽子搭配 11 元钱的围巾

	9	12	10	7
+	11	11	11	11
	20	23	21	18

根据乘法原理，$3 \times 4 = 12$ 或 $4 \times 3 = 12$，一共有 12 种搭配。

这样就得到 12 种不同的帽子和围巾搭配。同样，如果用不同价钱的围巾去搭配帽子，也能得到这 12 种结果。

帽子和围巾巧搭配

信号旗上的变化

信号旗杆上最多能挂 3 面信号旗，现有红色、蓝色和白色的信号旗各 1 面，如果用挂信号旗表示信号，最多能表示多少种不同的信号？

根据挂信号旗的面数可以将信号分为 3 类。

第一类：只挂 1 面信号旗，有红、蓝、白 3 种。

第二类：挂 2 面信号旗，有红蓝、红白、蓝红、蓝白、白红、白蓝 6 种。

第三类：挂 3 面信号旗，有红蓝白、红白蓝、蓝红白、蓝白红、白红蓝、白蓝红 6 种。

根据加法原理，$3 + 6 + 6 = 15$，一共可表示出 15 种不同的信号。

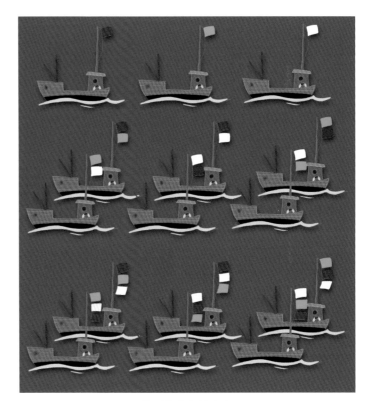

信号旗变化的秘密

作业本的拿法

甲、乙、丙、丁 4 个同学各有一本作业本混放在一起，4 个人每人随便拿了一本，问：至少有一人没拿到自己作业本的可能拿法有多少种？

4 个人的拿法共有 $4 \times 3 \times 2 \times 1 = 24$（种），而 4 个人都拿对的拿法只有唯一的 1 种。所以用 4 个人的全部拿法数减去唯一正确的 1 种拿法，就是至少有一人没拿到自己作业本的可能拿法种数。答案是 $4 \times 3 \times 2 \times 1 - 1 = 23$（种）。

密室逃脱

闯关项目：**英语字母表**

我们都知道，英文有 26 个字母。学习英语，从 26 个字母开始，而这些字母按排列顺序编上序号，又与数学密切结合起来，产生一系列的数列关系。用字母来做数学题，是不是很新鲜？请你来试试吧。

闯关开始！

A	B	C	D	E	F	G
1	2	3	4	5	6	7

H	I	J	K	L	M	N
8	9	10	11	12	13	14

O	P	Q	R	S	T	U
15	16	17	18	19	20	21

V	W	X	Y	Z
22	23	24	25	26

按 AABBBCCCCAABBBCCCC 这种顺序重复排列下去，第 2003 个字母是什么？

第 2003个字母

AABBBCCCCAABBBCCCCAA……(？)

CFI, DHL, EJ?

左图"？"处应该填上哪个字母？

请在右图"？"处填上空缺的字母。

B, E, I, N, ？

闯关答案见第 239 页

概率、统筹
与安排

概率

概率这个词，经常在我们的生活中出现，诸如天气预报中的"降水概率"、购买彩票中的"中奖概率"、打保龄球的"命中概率"等。那么概率究竟是什么？简单地说，某种事件在相同条件下由于偶然因素的影响可能发生也可能不发生，表示这种事件发生的可能性大小的量，就叫概率。

我们用"P"表示概率

随机事件

在一定条件下，可能发生也可能不发生的事件被称为随机事件。例如，把3枚同样的硬币放在手心上，用一定的动作往上抛，并让它们自由地落在地上，这时"3枚硬币都是正面朝上"的情况可能发生，也可能不发生，所以它是一个随机事件。在一定条件下必定要发生的事件，被称为必然事件。例如，从10支铅笔（其中7支红色，3支蓝色）中任意取4支，那么"取得的4支中至少有1支是红色"这个事件必定要发生，所以它是一个必然事件。必然事件是随机事件的一个特例。在一定条件下不可能发生的事件，叫不可能事件。例如，从10支铅笔（其中7支红色，3支蓝色）中任意取4支，那么"取

得的4支全是蓝色"这个事件不可能发生，所以它是一个不可能事件。不可能事件也是随机事件的一个特例。

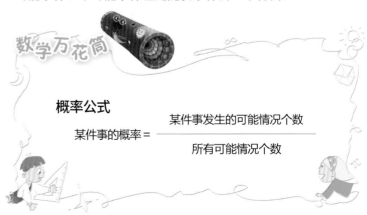

数学万花筒

概率公式

$$某件事的概率 = \frac{某件事发生的可能情况个数}{所有可能情况个数}$$

数和等于7的情况有6种，它们分别是1与6、2与5、3与4、4与3、5与2、6与1；出现点数和等于8的情况有5种，它们分别是2与6、3与5、4与4、5与3、6与2。所以，出现点数和为7的可能性比出现点数和为8的可能性大。

点数和到底是几呢？

点数和是几的可能性大

运用概率知识可以帮助我们解决一些实际问题。例如，掷两粒骰子，出现点数和为7或8的可能性是不是一样大？由于骰子有两粒（可把一粒看成甲，把另一粒看成乙），所以出现1与6的情况有两种可能，即甲骰子出现1点，乙骰子出现6点；或者反过来，甲骰子出现6点，乙骰子出现1点。而两粒骰子都出现4点的情况，显然只有一种可能。于是点

同一天过生日的概率

假设有50个人一起参加活动，其中两个人同一天生日的概率是多少呢？也许大部分人都认为这个概率非常小，然而正确答案是，如果这群人的生日均匀地分布在日历的任何时候，两个人拥有相同生日的概率约为97%。

乍听上去，这个概率很高，但是通过分析，你就会发现一点儿也不奇怪了。两个特定的人生日相同的概率是1/365，随着群体人数的增加，群体中两个人拥有相同生日的概率会提高。比如，在10人一组的团队中，有两个人拥有相同生日的概率大约是12%；在50人的聚会中，这个概率大约就是97%。然而，只有人数升至367人（其中有一人可能在2月29日出生）时，你才能确定这个群体中一定有两个人的生日是同一天的。

大家一起过生日

统筹与安排

日常生活中，许多常见的事情都包含了数学中的最优化思想，即在尽可能节省人力、物力和时间的前提下，争取获得在可能范围内的最佳效果。这就是统筹与安排。

炒鸡蛋问题

妈妈做炒鸡蛋这道菜，要用 10 秒敲蛋，用 10 秒洗净葱，用 15 秒切葱花，用 20 秒搅蛋，用 30 秒洗锅，用 1 分钟把油烧热，用 3 分钟炒蛋，用 10 秒装盘，那么，妈妈至少要用多长时间才能把鸡蛋炒好呢？

我们从以上信息中可以看出，妈妈炒鸡蛋有 8 件事要做：敲蛋、洗葱、切葱花、搅蛋、洗锅、把油烧热、炒蛋、装盘。其中，油热的同时可以洗葱、切葱花、敲蛋、搅蛋，时间都来得及。所以我们用下表来表示"工作程序"：

步骤	1	2	3	4
事情及时间	洗锅（30秒）	烧热油（1分钟）	炒蛋（3分钟）	装盘（10秒）
同时完成的事情及时间		洗葱（10秒）切葱花（15秒）敲蛋（10秒）搅蛋（20秒）		

根据上表得到：30 秒＋1 分钟＋3 分钟＋10 秒＝4 分 40 秒，所以，妈妈炒鸡蛋最少要用 4 分 40 秒。而假如所有事情都不同步的话，妈妈需要用 5 分 35 秒的时间，可见进行统筹安排节省了 55 秒钟的时间。

10秒 ➡ 15秒 ➡ 10秒 ➡ 20秒

60秒

妈妈这样炒鸡蛋

上学前的事情怎样安排

阳阳每天上学前有好几件事要做：整理房间 5 分钟，刷牙洗脸 5 分钟，室内锻炼 5 分钟，听广播 30 分钟，吃早饭 10 分钟，收拾碗筷 5 分钟，读英语 20 分钟，整理书包 2 分钟。阳阳 6 时起床，7 时能做完所有事情出发上学吗？最早能几时出发呢？

阳阳从起床后有 8 件事要做：整理房间、刷牙洗脸、室内锻炼、听广播、吃早饭、收拾碗筷、读英语、整理书包。如果不用统筹方法，所用时间总共为 5＋5＋5＋30＋10＋5＋20＋2＝82（分钟），远远超过了规定时间 1 小时。要想节省时间，首先就应该想哪些事能同时做。分析得出听广播的同时可以整理房间、刷牙洗脸、室内锻炼、吃早饭、收拾碗筷、整理书包，阳阳可以这样安排时间：

方案 1：

步骤	1	2	3	总时间
事情及时间	听广播（30分钟）	整理房间（5分钟）	读英语（20分钟）	55分钟
同时完成的事情及时间		刷牙洗脸（5分钟）室内锻炼（5分钟）整理书包（2分钟）吃早饭（10分钟）收拾碗筷（5分钟）		

这是不是最佳方案呢？进一步分析我们发现，阳阳在听广播的同时可以做下列事情：刷牙洗脸 5 分钟，室内锻炼 5 分钟，整理房间 5 分钟，吃早饭 10 分钟，收拾碗筷 5 分钟，总共用的时间恰好是 30 分钟，这样相当于提高了听广播 30 分钟的效率，就达到了更省时间的目的。这个方案可以列表如下：

方案2：

步骤	1	2	3	总时间
事情及时间	听广播（30分钟）	整理书包（2分钟）	读英语（20分钟）	52分钟
同时完成的事情及时间	刷牙洗脸（5分钟）室内锻炼（5分钟）整理房间（5分钟）吃早饭（10分钟）收拾碗筷（5分钟）			

比较以上两种方案，由于在听广播的30分钟做的事有些差异，造成最后所用时间不同。在方案1中，听广播同时刷牙洗脸5分钟，室内锻炼5分钟，吃早饭10分钟，收拾碗筷5分钟，整理书包2分钟，总共用的时间是27分钟，与30分钟听广播比较有3分钟的空余。而在方案2中，将整理房间与整理书包的顺序对调一下，正好填补了这3分钟的空余。所以，方案2是最佳选择。按照方案2的顺序安排时间，阳阳最早可以在6点52分出发上学。

再比如，有些人喜欢早上起来利用计算机的网页浏览器浏览新闻，但是计算机从开机到启动要花上几分钟，所以人们起床后第一件事是先开机，在计算机启动的几分钟里，再去刷牙、洗脸，而不是先刷牙、洗脸，再开计算机。许多生活中的例子都告诉我们要善于动脑筋，合理安排身边的小事。

"统筹安排"是一种科学的思维方法，合理地统筹安排可以提高做事效率。

打水问题

有4个人同时提着壶来打水。甲拿了1个水壶，乙拿了4个水壶，丙拿了2个水壶，丁拿了3个水壶。现在只有1个水龙头，灌满每个水壶的时间是1分钟。请问让他们按照怎样的先后顺序排队，才能使他们等候的总时间最短？

按照用时最短的道理，应安排拿水壶最少，用时间最短的在前面，拿水壶最多的在最后。这样可以减少每个人等候的时间。甲拿1个壶，排第一。乙拿4个壶排最后。所以应按照甲、丙、丁、乙的顺序排队。

原始组合的打水顺序

优化组合的打水顺序

方案1（不用统筹的方法）

方案2（用统筹的方法）

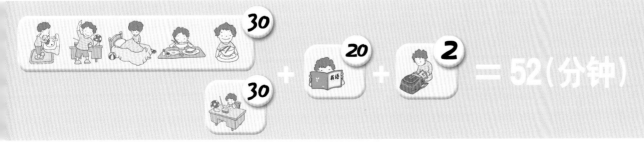

上学前的事情安排方案对比

图书馆借书问题

李红、翁军、言旭 3 名同学同时到图书馆借书，李红借漫画书需要 5 分钟，翁军借故事书需要 7 分钟，言旭借科技书需要 3 分钟，图书馆只有钟老师一人。钟老师应该如何安排这 3 位同学借书的先后次序，才能使 3 位同学留在图书馆的时间总和最短？最短需要多少分钟？

钟老师应该先给需要时间短的同学借书，后给需要时间长的同学借书，即先给言旭借科技书，再给李红借漫画书，最后给翁军借故事书。那么，他们 3 人所用的时间如下：言旭借科技书花费了 3 分钟；李红在言旭借书时等了 3 分钟，自己借漫画书花费了 5 分钟；翁军在言旭借书时等了 3 分钟，在李红借书时等了 5 分钟，自己借故事书花费了 7 分钟。3 名同学一共用了 $3 + (3 + 5) + (3 + 5 + 7) = 26$（分钟）。

所以，钟老师应该按照先借言旭、再借李红、最后借翁军的顺序借书，使他们在图书馆的时间总和最短，是 26 分钟。

彩灯的排列是有规律的

用时短的同学排在前面

奇妙的周期性

周期性，也称循环，是一个非常重要的规律。不少繁杂的问题，只要发现其中的周期性，就能迎刃而解。例如，节日的夜晚，灯火辉煌。霓虹灯五颜六色，美丽极了。观察彩灯的排列规律，我们发现彩灯总是按照一盏红灯、两盏黄灯、一盏蓝灯这样的顺序依次排列。问依照这个规律，如果第一盏是红灯，那么第 50 盏灯会是什么颜色呢？解答这个问题时，我们可以把一盏红灯、两盏黄灯、一盏蓝灯作为一个周期，即 4 盏灯一循环，用 $50 \div 4 = 12 \cdots\cdots 2$，这样就是有 12 个周期，还余 2 盏灯，所以第 50 盏灯是黄灯。

生活中的周期现象

大自然中存在着许多周而复始、不断循环的现象，如春夏秋冬，暑往寒来，一年四季不停地循环。人们日复一日地日出而作，日落而息。大江东去，流水滔滔不绝，那么水从哪里来呢？原来地球上的水遇热，化为水汽，水汽在高空中遇冷又降落地面，成为江水的源头。1869 年，俄国化学家门捷列夫把元素按原子量进行排列，发现元素的性质按照一定的顺序表现出周期性，从而发现了元素周期律。血液在人体中不停地进行循环，把营养和氧气输送到身体的各部分，从而维持人的生命。这些都是周期现象。近年来，科学家们用统计的方法研究人体的规律，得出结论：上午 9～10 点是人体体能高潮，是精力集中、记忆力强的时期；12～14点是体能低潮时期；15点又出现高峰；17～19点血压较高，情绪容易急躁；20～23点体能又出现高峰；23点后进入低潮；早晨4点体能处于最低潮，但听力敏锐；7～8点激素分泌达到高峰。人的体能在一年中有两次高峰，一般是4～6月和8～10月。据统计，世界体育运动纪录的90％是在这两个时期中创造的。在人的一生中，体能和智能将出现两次周期性的高潮。第一次是35～45岁，第二次为55～60岁。绝大多数诺贝尔奖得主是在人生第一个高潮时期做出成绩的。可见，周期性和我们的生活密切相关。

生活中的周期现象

战斗指挥官

闯关项目:

在战争中,经常用到一些数学知识,如排列、组合、概率、统筹等。有时候,面对险恶的环境和强大的敌人,有效地运用这些知识,就可以出奇制胜。

假如让你来当指挥官指挥一场战斗,你能运用数学知识取胜吗?

闯关开始!

甲地

137 吨

乙地

油耗 10 公升

5 吨

油耗 5 公升

2 吨

第 1 关

有 137 吨军需物资要从甲地运往乙地,大卡车的载重量是 5 吨,小卡车的载重量是 2 吨,大卡车与小卡车每车次的耗油量分别是 10 公升和 5公升,如何选派车辆才能使运输耗油量最少?这时共需耗油多少公升?

下图是一张道路示意图，每段路上的数字表示坦克经过这段路所需的时间。因为战斗需要，一辆坦克必须以最快的速度从 A 地赶往 B 地，它需要几分钟呢？（单位：分）

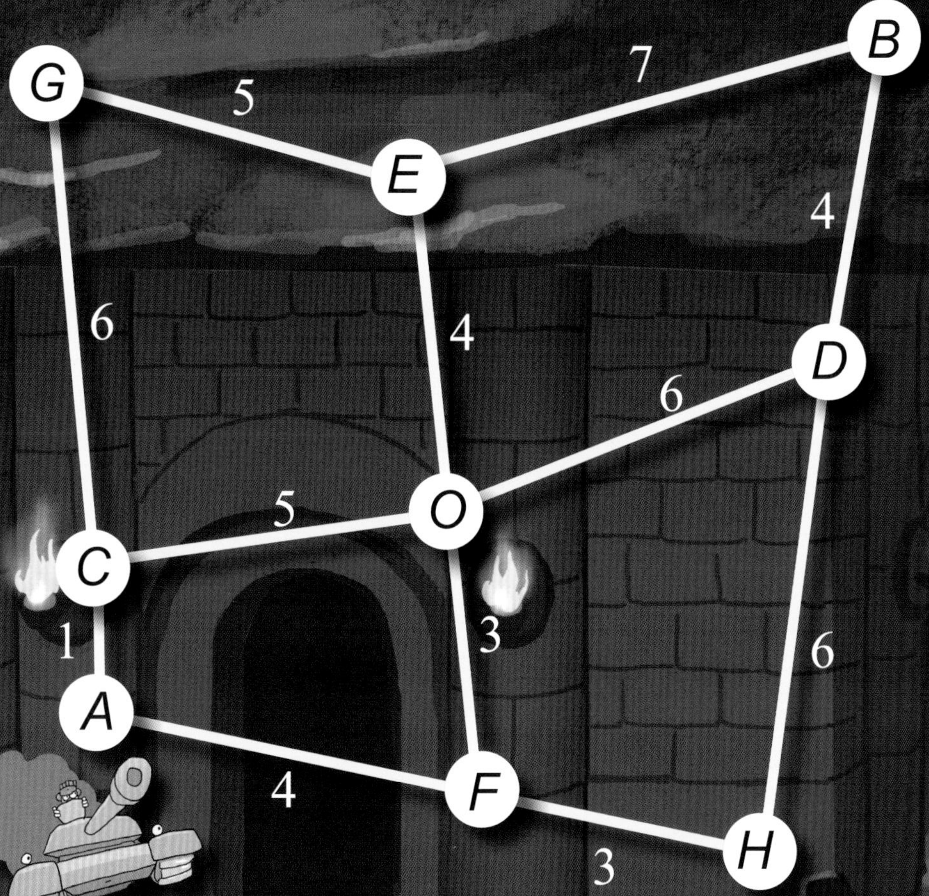

B

G　　5　　E　　7

4

6　　　　4　　　　D

6

5　　O

闯关答案
见第 239 页

C

3

1　　　　　　　　6

A

4　　　　F

3　　　　H

一天夜里，甲、乙、丙、丁四个士兵需要过一座小木桥去执行布雷任务。他们过桥分别需要 1 分钟、2 分钟、5 分钟、10 分钟。他们总共只有一个手电筒用以照明，而且桥最多只能承受两个人的重量，即每次最多过两个人。怎样才能用最短的时间过桥呢？你来帮他们安排一下吧。

线与图形

学习数学
XUEXI SHUXUE

直线与曲线

一条绳可以绷直，可以弯曲，以一端为中心点还可以缠绕成一团；一条路有时直，有时弯，可以向远方无限延展。在数学里，它们有专有名词——直线和曲线。直线刚直不屈，曲线则婀娜多姿。

线段、射线与直线

一点在空间中沿着一个指定的方向和它的相反方向运动，所形成的图形就是直线。直线无头无尾，要多长有多长。经过两点有且只有一条直线。直线没有端点，不可以度量。直线可以用两个大写字母表示，如直线 *AB* 或直线 *BA*（*A*、*B* 是直线上的任意两点），直线也可以用一个小写字母表示，如直线 *l*。

直线上任意两个点之间的部分，叫线段。这两点叫线段的端点。线段用表示它的端点的大写字母表示，如线段 *AB*，也可以用一个小写字母表示，如线段 *a*。线段可以测量长度，用刻度尺或把一条线段平移到另一条线段上，就可以比较出两条线段的长短。

如果将线段向一个方向无限延长，就形成了射线。它有一个端点，就像激光器发射的激光、手电筒射出的光线。射线不可以度量。射线用它的端点和射线上任意一点的两个大写字母表示，并把表示端点的字母写在前面，如射线 *OC*。

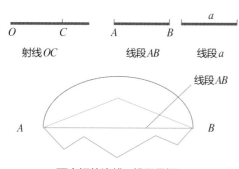

两点间的连线，线段最短。

各种各样的线

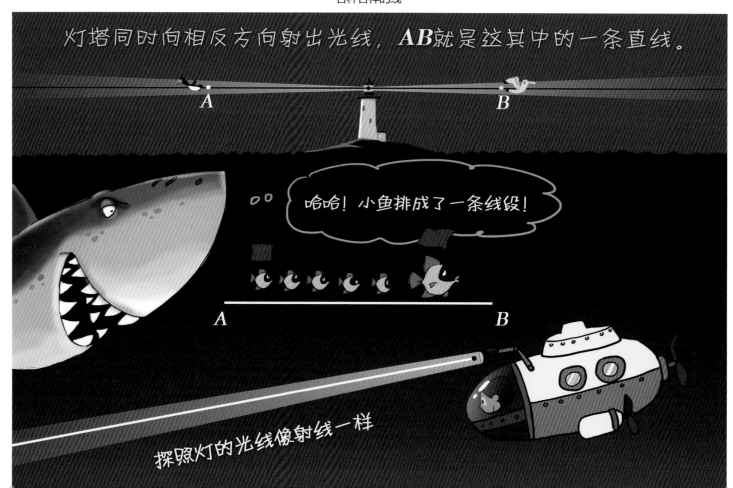

灯塔同时向相反方向射出光线，*AB* 就是这其中的一条直线。

哈哈！小鱼排成了一条线段！

探照灯的光线像射线一样

生活中的平行线

平行线

在同一平面内，两条直线的位置关系是，两条直线相交或两条直线互相平行。

在同一平面内，永不相交的两条直线叫平行线，也可以说这两条直线相互平行。平行线间的距离处处相等。

不在同一平面内的两条直线叫异面直线。异面直线既不相交，也不平行。这种空间两条不重合的直线的位置关系有：

（1）两条直线共面，包括两条直线平行（没有公共点）和两条直线相交（有一个公共点）。

（2）两条直线不共面。

在平面几何里，两条不重合的直线，不是平行就是相交。但在立体几何里，既不重合又不平行的两条直线却不一定相交，因为它们还可能是异面直线。所以，如果要断定两条不

重合的直线平行，就不能仅仅说明它们不相交，而是首先要肯定它们是共面的。

标志性建筑与直线

德国的马克斯·普朗克科学促进学会是德国大型科研学术组织，也是国际上规模最大、威望最高和成效最大的科学组织。这个组织在森林和沙漠里做了一项实验后发现：人在能看到标志性建筑和太阳、月亮时容易走直线，而看不到标志物时就容易绕圈子。

如图1所示，设饮马的地点为 C 点，则要求使线段 AC 与 CB 之和最短。

设 B 点关于笔直的河岸的对称点为 F 点（图2），则不论把 C 点取在河岸的何处，都有 $AC + CB = AC + CF$。

由于 A 点与 F 点都是确定的，C 点是要找的，所以，当 A、C、F 三点共线时 $AC + CF$ 取到最小值。因而，这个问题的解法如下：①找出 B 点关于河岸的对称点 F；②连接 AF，交河岸于 C，C 点即为所求的点。如果饮马的地点不是图2中的 C，而是河岸上的任意另外一点 D，则 A、D、F 三点构成一个三角形，由三角形两边之和大于第三边可知：$AD + DF > AF$，而 F 是 B 关于河岸的对称点，所以有 $DF = DB$，$CF = CB$。于是可以得到，$AD + DB > AC + CB$。这说明，从 A 地出发，到岸边 C 以外的任何一点 D 饮马以后再到 B 地去，都比在 C 处饮马所走的路程长。

蜘蛛制造的"垂线"

"将军饮马"问题图示

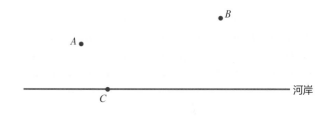

图1

垂线

在同一平面内，两条直线相交成直角时，这两条直线互相垂直，其中一条直线叫另一条直线的垂线，这两条直线的交点叫垂足。垂线段是指以直线外一点与垂足为两端点的线段。在连接直线外一点与直线上的所有点的连线中，垂线段最短。过一点有且只有一条直线与已知直线垂直。垂线是一条直线，垂线段是一条线段。

图2

将军饮马

相传，古希腊亚历山大里亚城有一位久负盛名的学者，名叫海伦。有一天，一位罗马将军专程去拜访他，向他请教一个百思不得其解的问题：

将军每天从图1中的 A 地出发，先到河边饮马，然后再去河岸同侧的 B 地开会，应该怎样走才能使路程最短？

精通数学的海伦稍加思索，便回答出了这个问题。我们来看看海伦是怎样解答"将军饮马"问题的吧。

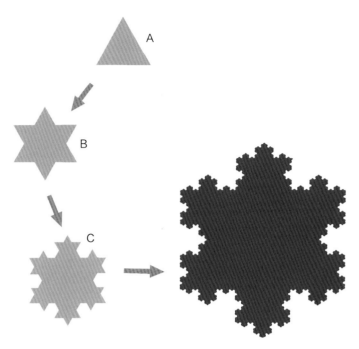

制作科赫曲线的步骤

科赫曲线

1904 年，瑞典数学家 H. V. 科赫以自然界的雪花为模型，构造出一条神奇的曲线，其构造过程如下：

以一个边长为 1 的正三角形图 A 为基础，将正三角形的每条边做 3 等分，以中间的 $\frac{1}{3}$ 为底边向外做等边三角形，得到图形 B。再对图形 B 每条边做 3 等分，重复上面的操作得到图形 C。如此不断继续做 3 等分，所得的图形就是科赫曲线。

科赫曲线是一种外形像雪花的几何曲线，所以又称为雪花曲线。由于雪花曲线的构造步骤可以无限分下去，因此它只是一条理想曲线，永远也分不到头。如果用放大镜去看科赫曲线每一个细小的部分，它都与整体的结构是完全相似的，这就是科赫曲线的自相似性。

科赫曲线还有着许多极不寻常的特性，不但它的周长为无限大，而且曲线上任两点之间的距离也是无限大。曲线长度虽然无限，却包围着有限的面积。

心形线

1741 年，有个叫卡斯蒂利翁的人在英国皇家学会《哲学学报》上发表了一篇论文，里面第一次提到了一种图形名称——心形线。

在圆上确定某一点 A，然后让圆从 A 这一点起，绕着与其相切的有相同半径的圆周滚动，沿 A 点就形成了一条令人惊

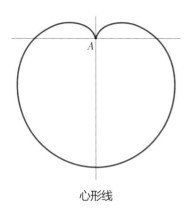

心形线

叹的美丽曲线，它是心形的！心形线图案出现之后开始在欧洲流行，它代表着与爱情有关的美丽联想。

等角螺线

长和宽的比为 1：0.618 的矩形叫黄金矩形。在黄金矩形中，以宽为边做一个正方形，再在剩下的矩形中，以宽为边做正方形，这样继续下去，得到大小不同的正方形。我们用圆规在黄金矩形中的各个正方形里，画 $\frac{1}{4}$ 圆弧，这样的圆弧形成的轮廓叫等角螺线。等角螺线正是方与圆巧妙结合的产物。

等角螺线是法国科学家、哲学家 R. 笛卡儿发现的。自然界中有许多这样天然的等角螺线现象，如鹦鹉螺壳构成的图案就十分接近等角螺线；菊花的种子排列成等角螺线形状；鹰以等角螺线的方式接近它们的猎物；昆虫以等角螺线的方式接近光源；蜘蛛网的构造与等角螺线相似；太空中涡旋星系的旋臂大都是呈等角螺线状。

鹦鹉螺壳与等角螺线

平面图形

请你在一张纸上任意画一些线段，再把它们首尾相连，你会发现，无论它们组成什么样的图形，这些图形都是只有长度、宽度而没有厚度的，因为它们都存在于同一个平面上。像这样在平面内显示的图形，就叫平面图形。我们学过的直线、射线、角、多边形（三角形、四边形、五边形等）和圆，它们所表示的各个部分都在同一平面内，因此都是平面图形。

图形的平移与旋转

沿某一方向移动一定距离，形状、大小不改的运动方式，叫平移。平移在生活中无处不在。如"火车行驶在铁道上""包裹在运动的传送带上""电梯垂直上楼、下楼"等情况，都与平移有关。绕着一个定点沿某个方向转动一定角度，且形状、大小不变的运动方式，叫旋转。旋转在生活中也很常见。如钟表指针转动、汽车方向盘转动，以及游乐园中旋转木马的转动等，都属于旋转。平移和旋转是物体的基本运动方式。

平移与旋转的组合

汽车是常见的代步工具，我们来看一下它的运动方式。从整体上看，汽车沿直线向前运动是平移现象，这时车轮围绕轮的圆心做旋转运动，圆心点则随汽车前进做平移运动。如果汽车拐弯，司机要转动方向盘，方向盘的运动方式是旋转。汽车发动机中的活塞有规律地上下运动，又是平移……所以，汽车的运动是平移和旋转共存的综合体。滑板车的运动也是同样的道理。

滑板车的运动方式

三角形

由不在同一直线上的三条线段首尾顺次连接所组成的封闭图形，叫三角形。埃及金字塔、三角形框架、起重机、三角形吊臂、屋顶、三角形钢架……生活中处处都有三角形。三角形有 3 个顶点和 3 个内角，3 个内角之和为 180°。

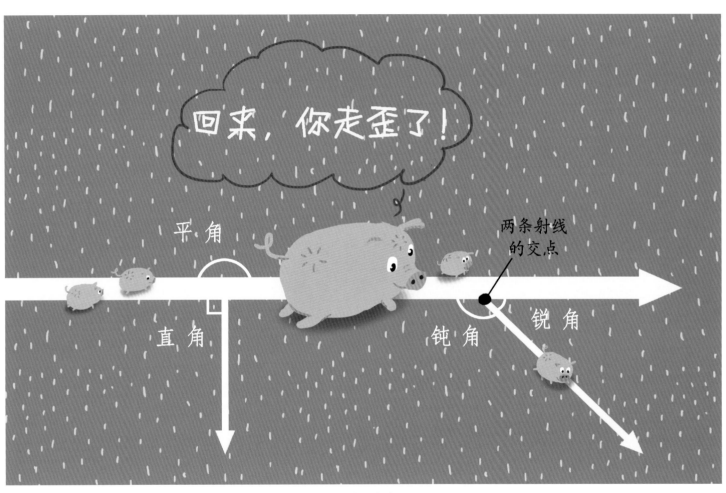

角有很多种

角

从一点引出两条射线所组成的图形叫角。这个点叫角的顶点，这两条射线叫角的边。角的符号用"∠"表示。用量角器，或将角平移，使得两个角的顶点重合、一条边重合，这样就可以比较两个角的大小了。角可分为锐角（小于 90° 的角）、直角（等于 90° 的角）、钝角（大于 90° 而小于 180° 的角）、平角（180° 的角）、周角（360° 的角）等。

黄金三角形

如果把一条线段 AB 用 C 点分割，使

$$\frac{AC}{AB} = \frac{CB}{AC}$$

则这个比等于黄金数 0.618，C 点被称为线段 AB 的黄金分割点。

黄金三角形是一种特殊的等腰三角形，因为它的腰与底边（或底边与腰）的比值等于黄金比（约等于0.618），故得名。黄金三角形有锐角三角形和钝角三角形。其中锐角三角形的顶角为36°，底角为72°；而钝角三角形顶角为108°，底角为36°。

五角星中也有黄金三角形。五角星每一个角都为36°，即每一个角上都有一个黄金三角形。

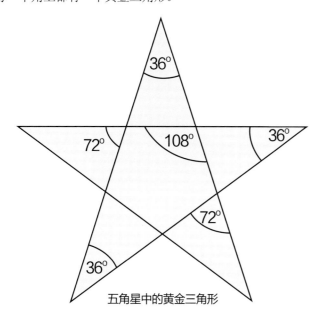

五角星中的黄金三角形

稳定的三角形

如果我们用3根小木棒来摆一个三角形，会发现，当3根小木棒同样长时，可以围成三角形；当3根小木棒长度不

还是三角形稳定！

图1　　　　　　　　图2
利用三角形的稳定性加固椅腿

相等时，只有两条较短的小木棒的长度之和大于最长的小木棒的长度时，才能围成三角形；若两条较短的小木棒的长度之和小于或等于最长的小木棒的长度，都不能围成三角形。因此得出结论：三角形的任意两边之和，一定大于第三边。

三角形有一种特殊的性质，只要三条边的长度确定了，三角形的形状和大小就不能再改变，这种特性叫三角形的稳定性。三角形的这种特性已被普遍运用到我们的生产、生活中。如家里的木椅子晃动了，可以用几根木条加固一下。木条若顺着摇晃的椅腿钉（如图1），过一段时间椅子又会摇晃。如果让木条、椅腿和坐板连接成一个直角三角形，这样修理之后，椅子就非常牢固了（如图2）。

被忽略的三角形

在生活中我们往往相信亲眼所见，但又常被自己的眼睛所骗，魔术就是一个很好的例子。数学中也有这种欺骗我们眼睛的数学魔术。美国的一位魔术师曾发现这样一个问题：把一个正方形切成几小块，然后重新组合成一个同样大小的正方形后，它的中间会少一块。这种现象在三角形中也会出现（如图1）。

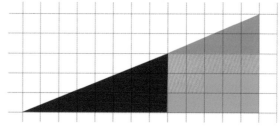

图1

把图1中的四块图形重新组合成图2后，发现少了一小块正方形，它到哪儿去了呢？把两幅图放大后，我们发现图1中的图形不是严格的三角形，它的斜边是稍微向下凹进去的两条线段。图2中的图形也不是严格的三角形，它的斜边是稍微向上拱起的两条线段。我们把两幅图重叠起来（图3）观察得知，图1和图2并不能完全重合，这两个图形的大小差了一条小缝。我们可以把这条小缝看成两个小三角形。"丢失"的小正方形面积正是这两个小三角形的面积和，而这两个小三角形又很不容易被人们发现，所以看起来好像是少了一块。

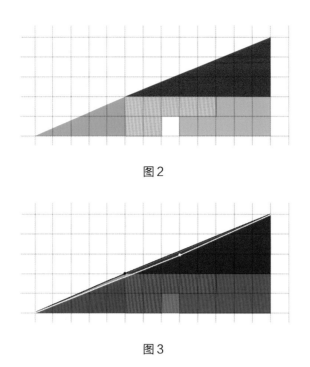

图2

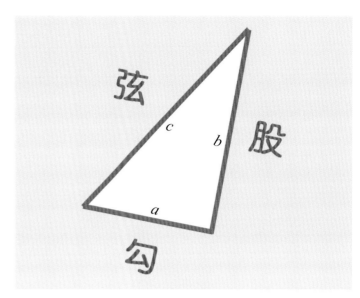

图3

勾股定理示意图

勾股定理

我国最早的一部数学著作——《周髀算经》的开篇记载着一段周公向商高请教数学知识的对话。周公问："我听说您对数学非常精通，我想请教一下，天没法用梯子登上去，地也没法用尺子去一段一段丈量，那么怎样才能得到关于天地的数据呢？"商高回答说："数的产生来源于对方和圆这些形体的认识。其中有一个原理：当直角三角形的一条直角边等于3，另一条直角边等于4的时候，那么它的斜边就必定是5。这个原理是大禹在治水的时候就总结出来的。"根据商高的说法，我们可以得到一个更一般的结论：在直角三角形中，两条直角边的平方和一定等于斜边的平方。这就是勾股定理，在我国也称为商高定理。如图所示，我们用勾（a）和股（b）分别表示直角三角形的两条直角边，用弦（c）来表示斜边，则可得：

$$a^2 + b^2 = c^2$$

我国历代数学家关于勾股定理的论证方法有多种，西方也有很多学者研究了勾股定理，给出了很多证明方法，其中有文字记载的最早的证明是毕达哥拉斯给出的。据说当他证明了勾股定理以后，欣喜若狂，杀了百头牛，以示庆贺。所以，西方也称勾股定理为毕达哥拉斯定理或百牛定理。

勾股定理是一个古老而又应用广泛的定理，几乎所有文明古国对它都有研究。例如，应用勾股定理进行测量，用勾股定理求圆周率以及开平方、开立方等。在对勾股定理的发现和应用上，我国走在了前面。

勾股定理是几何学中的明珠，千百年来人们对它一直保持着极高的热情，仅定理的证明就多达几十种，其中有著名数学家的，也有业余数学爱好者的。我国古代的数学家们不仅很早就发现并应用勾股定理，而且很早就尝试对勾股定理做理论的证明。最早对勾股定理进行证明的是三国时期吴国的数学家赵爽。赵爽创制了一幅"勾股圆方图"，用形数结合的方法，给出了勾股定理的详细证明（如图1）。

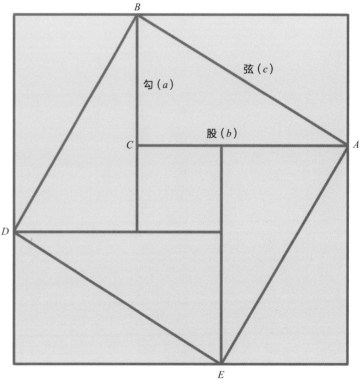

图1 勾股圆方图

在这幅"勾股圆方图"中，以弦为边长得到的正方形 *ABDE* 是由 4 个相等的直角三角形再加上中间的那个小正方形组成的。每个直角三角形的面积为 $\frac{ab}{2}$；中间小正方形边长为 $b-a$，则面积为 $(b-a)^2$。于是便可得如下的式子：

$$4 \times \frac{ab}{2} + (b-a)^2 = c^2.$$

化简后便可得出 $a^2 + b^2 = c^2$。

赵爽对勾股定理的证明简明、直观，显示出我国数学家高超的证题思想。

在西方，毕达哥拉斯对勾股定理的证明方法已经失传。著名的希腊数学家欧几里得在他的著作《几何原本》中，给出了一个很好的证明。他的方法是，直接在直角三角形三边上画正方形（如图 2）。

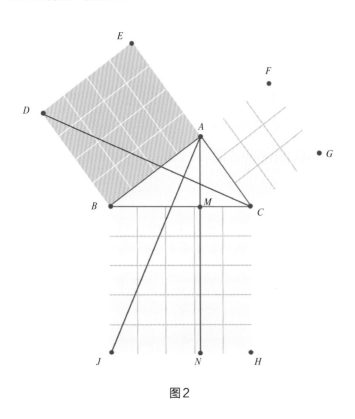

图2

连接 *CD* 和 *AJ*，过 *A* 点向 *JH* 引垂线 *AN*，交 *BC* 于点 *M*，交 *JH* 于点 *N*。从图中可以看出，*AB* = *BD*，*BC* = *BJ*；∠*CBD* = ∠*ABJ*，由此可以看出 △*ABJ* 与 △*DBC* 是一对全等三角形，所以 △*ABJ* 与 △*DBC* 的面积相等。由于 △*ABJ* 与矩形 *BMNJ* 同底等高；△*DBC* 与正方形 *ABDE* 也同底等高，所以矩形 *BMNJ* 与正方形 *ABDE* 的面积相等。同理可以得到矩形 *CMNH* 与正方形 *ACGF* 面积相等，而矩形 *BMNJ* 与矩形 *CMNH* 的面积之和就是正方形 *BCHJ* 的面积，所以得出正方形 *BCHJ* 的面积等于正方形 *ABDE* 与正方形 *ACGF* 面积之和，即 $BC^2 = AB^2 + AC^2$。

数学万花筒

人体尺子

在尺子发明前，人们用身体的一些部位来测量长度。我们中国人习惯用"拃"（大拇指和其他手指间的最大距离）、"步宽"（迈一步的距离）、臂宽（展开双臂时两手间的距离）等测量长度。古埃及人以身体各部分的长度为标准，尤其是肘长（前臂长）。但人的手臂长短不一，古埃及人为了保证测量的一致性，制定了测量的基准单位——"标准肘尺"。

测量金字塔的高度

金字塔是古老雄伟的建筑。古埃及有个国王想知道盖好的金字塔到底有多高，可是谁也不知道该怎么测量。后来有个叫泰勒斯的人选择了一个阳光明媚的日子，帮国王解决了问题。

泰勒斯的方法是，站在金字塔旁边的太阳底下，让别人测量自己投在地面上的影子，当泰勒斯投在地上的影长正好等于他自己的身高时，再测量金字塔的影长，这样金字塔影子的长度就等于金字塔的高度。泰勒斯运用的是等腰直角三角形中两腰相等的原理（如图）。

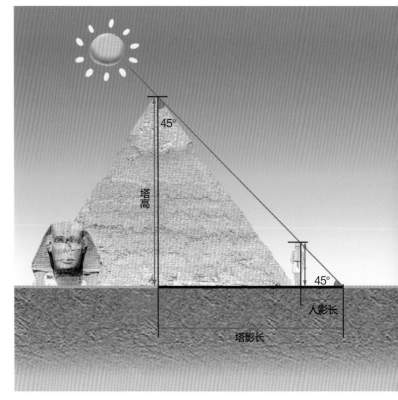

巧用影子测量金字塔的高度

由于站立在地面上的人和金字塔都与地面垂直，所以，人、人影和光线构成了一个直角三角形。同样，金字塔、塔影和光线也构成直角三角形。当人和人影的长度相等时，它们和光线构成的就是一个等腰直角三角形，此时太阳光线和人影之间的夹角是45°。由于人影和塔影都是投在地面上，所以塔影与太阳光线之间的夹角也是45°，这样金字塔、塔影和光线形成的也是一个等腰直角三角形。在这个三角形中，塔影的长度刚好就是金字塔的高度。泰勒斯真是太聪明了！

陈子测日

太阳距离我们有多远呢？这对古代人来说是个谜。为了解开这个谜，古代科学家进行了一次又一次探测。据《周髀算经》记载，我国古代杰出的数学家陈子在公元前7～前6世纪对太阳的高和远进行了推算，这就是著名的"陈子测日"。

陈子推算太阳高度的方法是，在某地（记为 B）立一根 8 尺高的标杆，与此同时，在距离 B 点的正南方向 1000 里处（记为 P）和正北向 1000 里处（记为 Q）分别立一根相同高度的标杆。等到夏至那天观察，B 点标杆的影子长度为 6 尺；P 点标杆的影子长度为 7 尺；Q 点标杆的影子长度为 5 尺。由此可以看出，标杆每向北移动 1000 里，影子的长度就减少 1 尺。假设距离 B 点正北方向 6 万里处（记为 A）的标杆影长为 0，即 A 点恰好在太阳的正下方。按照相似直角三角形边长比例相等原理得到：标杆的长度与它在 B 点影子长度的比，等于太阳高度与 A、B 两点间距离加上 B 点影子长度（可忽略不计）的比，即太阳离地面的高度约为 8 万里。如果把太阳所在的点记为 C，再根据勾股定理，B 点标杆与太阳之间的距离 BC 的平方等于 AB 的平方加上 AC 的平方，即 $BC^2 = AB^2 + AC^2$，经计算得到 BC 为 10 万里。

陈子所演示的方法是一种思路，与现实中的地日距离有较大差距，但这一思路却是中国古代数学思想的结晶。

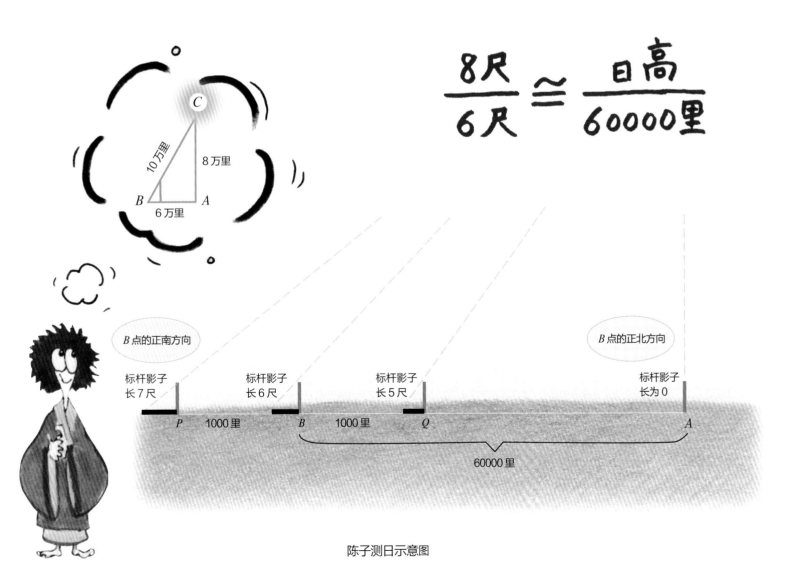

陈子测日示意图

长方形与正方形

有这么一个谜语：日字去一笔，打一个几何图形。谜底非常简单：长方形。长方形是一种特殊的平行四边形，也叫矩形。它对边相等，四个角都是直角。还有一个谜语则充满了诗意："四四方方一座城，城里兵马几十名，双方阵线很分明，以一当五高临下，多少一打就分明。"谜底为"正方形"。正方形是一种特殊的长方形，它不仅具有长方形的全部特征，并且每条边的长度是相等的。

长方形和正方形周长

长方形的周长就是长方形四条边的总长度，即由长方形的两条长边和两条短边的总长度组成。周长用字母C表示，如果用a和b分别表示长和宽，长方形周长公式可表示为

$C=(a+b)\times 2$

正方形的周长是正方形四条边长的和，即正方形边长的4倍。如果用a表示正方形的边长，用C表示周长，那么正方形周长的公式可表示为

$C=4a$。

长方形和正方形周长

英国的海岸线有多长

英国的海岸线非常曲折，如果我们用卫星进行测量，相当于用一个很大的尺子测量，这样就会忽略海岸线上很多曲折的地方，测量出的结果就比较小。但假如让一个人沿着海岸线走一圈，就会发现很多卫星上看不到的地方，测量的结果就会变大。如果我们让尺子无限缩小，英国的海岸线长度就会变成无穷大。

巧求周长

将线段平移到合适的位置，再求周长，这种方法应用很广。如图1是两块试验田，在试验田的周围画出线，如何求每块试验田的周长呢？

我们利用平移的办法使图1变成图2，使周长分别变成一个长方形和一个正方形的周长，它们的周长就变成了$(5+8)\times 2=26$（米）和$5\times 4=20$（米）。以上图形的周长，表面看缺少条件，但是我们通过图形中边的转化，使不规则的多边形变成熟悉的长方形和正方形，就可以求出它们的周长了。

要求出图3中图形的周长，可以把图3中线段h、f移到线段d的左侧，与d连接在一起，得出$h+f+d=b$；把线段l、g的部分移到a处，与a连在一起，得出$a+(l-g)=c$，这时线段l还剩下与线段g同样长的部分（如图4），那么这个图形的周长等于$(b+c+g)\times 2$。

总之，要把不规则的图形转化成熟悉的长方形、正方形，这种转化是解题的关键。

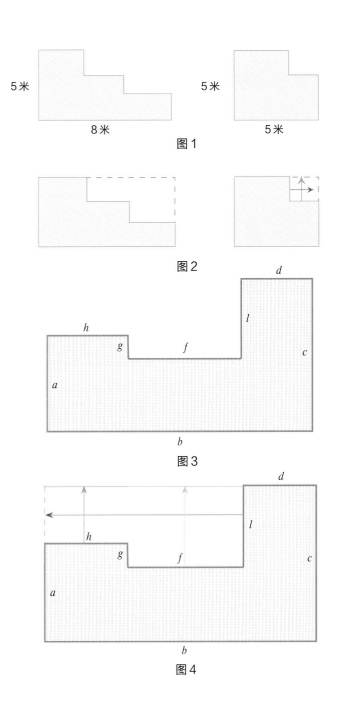

5米

8米

图1

图2

d

h

g

l

f

c

a

b

图3

d

h

g

l

f

c

a

b

图4

正方形周长的变化

图形组合在一起，会产生很多变化。五个边长是5厘米的正方形摆成一个面积不重叠的长方形，它的周长是怎么变化的呢？

经过尝试摆放，只能摆成5×1的长方形。我们不难看出，摆成的长方形的长是25厘米，宽是5厘米（见图1），它的周长是（5×5＋5）×2＝60厘米。

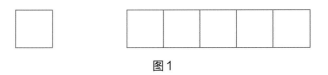

图1

如果有六个边长是5厘米的正方形，摆成一个面积不重叠的长方形，它的周长又是怎么变化的呢？

经过摆放，可以摆成2×3和6×1两种组合（见图2），它们的周长分别是50厘米和70厘米。

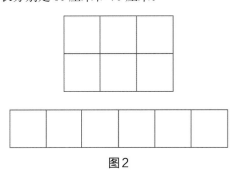

图2

用长方形面积图解应用题

在应用题的解题方法中，画图法可以使分析的问题具体、形象。对于一些同时考虑两个因素的应用题，如果使用长方形的长和宽分别表示两个不同的因素，画出长方形，再利用长方形的面积进行分析，问题就会得到有效解决。例如，有10分和20分的邮票共18张，总面值为280分，那么10分和20分的邮票各有几张？对于这类问题，我们常采用假设法解答，那怎样用画长方形的面积图来解这个问题呢？在图中，用 AB、DG 分别表示面值20分和10分，用 AD、DE 分别表示面值为20分、10分邮票的张数，那么长方形 $ABCD$、$DEFG$ 的面积分别表示20分、10分邮票的总面值。根据题目中的条件，$AE＝18$ 张，$ABCD$ 与 $DEFG$ 的面积和为280，只要求出 AD 或 DE 的长度来，邮票的张数也就知道了。线段 AD、DE 分别表示面值为20分、10分邮票的张数，$AB＝20$，$AH＝DG＝10$，长方形 $ABCD$ 与长方形 $DEFG$ 的面积和为280。长方形 $AEFH$ 的面积为 $10×18＝180$，AD 的长度为 $（280－180）÷10＝10$，$DE＝18－10＝8$。这样，问题便得到解决，20分和10分的邮票的张数分别为10张和8张。

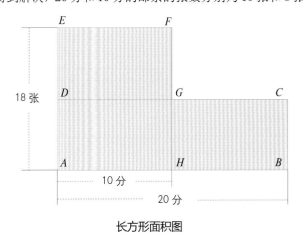

18张

10分

20分

长方形面积图

梯形

梯形是指一组对边平行而另一组对边不平行的四边形。平行的两边叫梯形的底边，长的一条底边叫下底，短的一条底边叫上底。不平行的两边叫腰；夹在两底之间的垂线叫梯形的高。一腰垂直于底的梯形叫直角梯形；两腰长度相等的梯形叫等腰梯形。

推导梯形的面积公式

梯形面积的推导一般是把完全一样的两个梯形拼成平行四边形，然后根据平行四边形的面积公式计算而得。平行四边形的底是梯形的上底与下底和，即 $a+b$，高等于梯形的高 h，根据平行四边形面积公式得到平行四边形的面积为 $(a+b)h$，所以梯形的面积为 $\frac{1}{2}(a+b)h$，即（上底＋下底）× 高 ÷2。

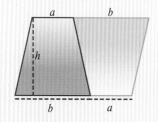

除了用拼成平行四边形的方法推导梯形面积公式以外，还有其他的几种推导方法，如运用添加辅助线的方法，将梯形中的问题转化为三角形或平行四边形的问题来解决。具体添加辅助线的方法如下：

（1）添加对角线。把梯形分成两个三角形，然后根据三角形的面积公式来计算梯形的面积（如图1）。

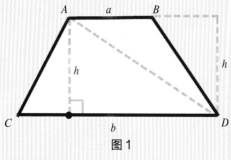

图1

原来的梯形被分成了两个三角形，即 $\triangle ABD$ 和 $\triangle ACD$，根据三角形面积公式得到

$S \triangle ABD = ah \div 2$；

$S \triangle ACD = bh \div 2$。

所以，梯形的面积应该为 $\triangle ABD$ 和 $\triangle ACD$ 的和，即 $\frac{1}{2}ah + \frac{1}{2}bh = \frac{1}{2}(a+b)h$。

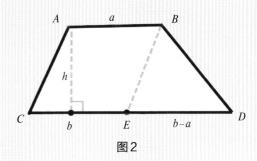

图2

因此可以验证梯形的面积是（上底＋下底）× 高 ÷2。

（2）平移梯形的一个腰，使梯形变成一个平行四边形和一个三角形（如图2）。

根据平行四边形的面积公式得到图中平行四边形 $ABCE$ 的面积为 ah，根据三角形的面积公式得到 $\triangle BDE$ 的面积是 $\frac{1}{2}(b-a)h$。

梯形 $ABDC$ 的面积是平行四边形 $ABCE$ 与三角形 BDE 的面积和为 $ah + \frac{1}{2}(b-a)h$。

整理后得到梯形 $ABDC$ 的面积 $\frac{1}{2}(a+b)h$。由此也可以得出梯形的面积为（上底＋下底）× 高 ÷2。

（3）把梯形的两腰向中间平移，此时梯形被分成两个平行四边形和一个三角形（如图3）。

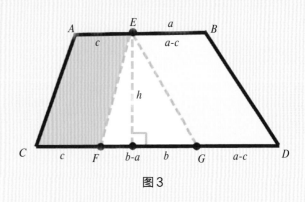

图3

根据平行四边形的面积公式得到平行四边形 $AEFC$ 的面积为 ch，平行四边形 $EBDG$ 的面积为 $(a-c)h$；根据三角形 EFG 的面积公式得到 $\triangle EFG$ 的面积是 $\frac{1}{2}(b-a)h$。

梯形 *ABDC* 的面积是平行四边形 *AEFC*、平行四边形 *EBDG* 和三角形 *EFG* 的面积和：

$ch + (a - c) h + \frac{1}{2}(b - a) h$。

整理后得到，梯形 *ABDC* 的面积为 $\frac{1}{2}(a + b) h$。由此推导出梯形面积公式：

（上底＋下底）× 高 ÷2。

（4）过一腰中点做另一腰的平行线（如图4）。

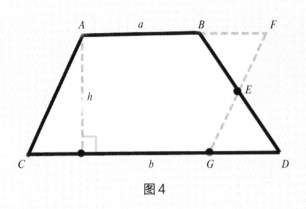

图4

从图中我们可以看出，以中点为顶点的两个小三角形 *BEF* 和 *EDG* 完全相等，所以 $BF = DG$，梯形 *ABDC* 与四边形 *AFGC* 的面积相等；又因为 *AFGC* 为平行四边形，所以，$AF = CG$，即 $a + BF = b - DG$。

由此可以得到 $BF = DG = \dfrac{b - a}{2}$。

根据平行四边形面积公式有平行四边形 *AFGC* 的面积为 $\left[a + \left(\dfrac{b - a}{2} \right) \right] h$，

所以梯形 *ABDC* 面积为 $\left[a + \left(\dfrac{b - a}{2} \right) \right] h$，

即 $\dfrac{(a + b)}{2} h$。可以验证梯形面积为

（上底＋下底）× 高 ÷2。

（5）用割补的方法，将梯形转化为三角形或平行四边形（如图5）。

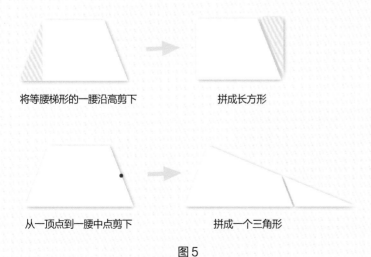

将等腰梯形的一腰沿高剪下　　拼成长方形

从一顶点到一腰中点剪下　　拼成一个三角形

图5

钢管数

根据梯形与三角形之间的转化，我们也可以用梯形面积公式来求三角形的面积（如图1）。

图1

根据三角形的面积公式"底 × 高 ÷2"可以得到三角形的面积为 $20 \times 12 \div 2 = 120$（平方米）。如果把这个三角形看成上底为0的梯形，还可以用梯形面积公式计算得到它的面积为 $(0 + 20) \times 12 \div 2 = 120$（平方米）。所以，如果是一个三角形，把它看成是上底为0的梯形时，上底加下底就等于三角形的底，用三角形面积公式和用梯形面积公式来计算，得出的结果一样。但生活中有许多现象是要我们用心去分析、辨别的，否则就会被表面现象所迷惑。不信请你看下面这道题吧！

有这样一堆钢管（如图2），已知最底层有8根钢管，共8层，求这堆钢管有多少根。从正面看它的截面，可以是三角形，也可以是梯形。如果把这堆钢管的截面看成三角形，借助三角形的面积公式"底 × 高 ÷2"可以计算它的根数，即 $8 \times 8 \div 2 = 32$（根）。

如果把这堆钢管的截面看成梯形，根据梯形的面积公式"（上底＋下底）× 高 ÷2"得出钢管的根数是 $(1 + 8) \times 8 \div 2 = 36$（根）。这与把截面看成三角形时计算出的结果不同，那么这堆钢管到底有多少根呢？让我们数一数：

$1 + 2 + 3 + 4 + 5 + 6 + 7 + 8 = 36$（根）

为什么借助三角形的面积公式求钢管根数却少了4根呢？原来，只有当我们把梯形的上底缩短为0时，梯形才能转化成三角形。而这堆钢管最上面一层是1根，不是0根，所以这堆钢管的截面不能看成近似三角形（如图3）。看来，在解决问题时我们要力求从不同的角度思考，才能对自己解题的合理性进行验证。

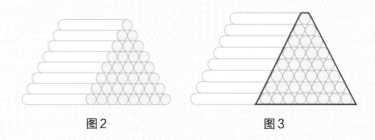

图2　　　　图3

圆

有人在黑板上画了一个圆，问大家是什么。答案五花八门：太阳、呼啦圈、盘子、烧饼、大气球……这说明，圆在生活中随处可见。什么是圆呢？当一条线段绕着它的一个端点在平面内旋转一周时，它的另一个端点的轨迹就是一个圆。

圆的周长

我们把一个封闭图形一周的长度称为这个图形的周长。周长等于图形所有边长的和。周长在我们生活中无处不在，而且周长的应用也非常广泛，比如我们去做裤子时，裁缝要量一量你的腰一周有多长，也就是平时说的腰围。圆的周长用公式就可以直接算出来：$C = \pi d = 2\pi r$（d 为直径，r 为半径，π 为圆周率。）

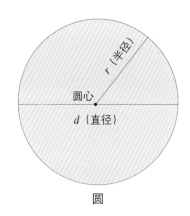

圆

埃拉托色尼计算地球的周长

2000 多年前，有人用简单的测量工具计算出地球的周长，这个人就是埃拉托色尼（约前 275 ~ 前 194）。埃拉托色尼是古希腊的地理学家、天文学家、数学家和诗人，曾担任过亚历山大图书馆的馆长。他发现，古埃及有一个叫塞恩纳（今阿斯旺）的小镇，镇上有一口深井，夏至日那天太阳光可以一直照到井底，这表明太阳在夏至那天正好位于井的顶上。而距离塞恩纳 800 千米的亚历山大城地面上的立杆，在这天却有一段很短的影子。埃拉托色尼认为，立杆的影子是由亚历山大城的阳光与立杆形成的夹角所造成的，分别测量立杆和影子的长度就可以计算出夹角约为 7°。假设地球是球状，在井中心也立一根杆，两根立杆的底端延长线就会在球心相交，那么它们之间的夹角也就等于亚力山大的阳光与立杆的交角。又由于圆周角为 360°，所以两个城市之间的距离是地

埃拉托色尼的测量原理

球周长的 $\dfrac{7}{360}$，由此推算地球的周长大约为 4 万千米。今天，通过航迹测算，我们知道埃拉托色尼的测量误差仅在 5% 以内。

圆周率

圆周率是圆的周长与直径的比，即圆的周长除以直径所得到的商，记作 π。无论圆的大小是多少，这个商都是不变的，因此圆周率 π 是个"常数"，即固定的数。但 π 是个无理数，即无限不循环小数。在日常生活中，通常都用 3.14 代表圆周率去进行近似计算。而用九位小数 3.141592654 便足以应付一般计算。

π 是个无限不循环小数

方法的改进，出现了分析算法，小数位数增加很快。1706 年，英国数学家 J. 梅钦利用公式将 π 值计算到小数点后 100 位。1873 年，英国数学家 W. 香克斯又将 π 值算到小数点后 707 位。但是，人们后来发现他的计算结果的第 528 位错了。1948 年，美国数学家 D.F. 弗格森和 J.W. 小雷恩联合发表了 808 位准确的 π 值，成为人工计算 π 值的最高纪录。2013 年，美国的研究人员宣布，利用电子计算机计算 π 值，其小数点后第八千万亿位的十进制数字是 "0"。

计算圆周率

古今中外，许多人致力于圆周率的研究与计算。1767 年，德国数学家 J.H. 朗伯第一个证明了圆周率是无理数，即圆周率是一个无限不循环小数。为了计算出更精确的圆周率近似值，一代代的数学家为这个神秘的数贡献了无数的时间与心血。阿基米德在著作《圆的度量》中，求出了圆周率小于 $\frac{22}{7}$ 而大于 $\frac{223}{71}$，这是第一次在科学中创造性地用上、下界来确定 π 的近似值。公元 3 世纪，我国的刘徽利用割圆术算出 π 值为 3.1416，之后的祖冲之又把 π 值精确到小数点后第 7 位。

1610 年，德国人 L.V. 柯伦将 π 值的小数部分算到 35 位，为此他几乎用了毕生的时间，并立遗嘱将这 35 位数值刻在他的墓碑上。后来，该数被称为鲁道夫数。随着求圆周率

重叠圆的面积

有 6 个圆，其半径分别是 6cm、4cm、3cm、3cm、1cm、1cm。怎样将 5 个较小的圆与最大的圆重叠，使大圆内部未重叠部分的面积正好等于 5 个小圆外部未重叠部分面积的总和呢？

这道题似乎非常难，让人无从下手，其实只要不被陈旧的思维定式所束缚，变换思考方法，问题就变得简单了。我们可以这样思考，根据圆的面积公式：

$$S = \pi r^2$$

半径为 6cm 的大圆面积是 $36\pi\,cm^2$；而 5 个小圆面积和为 $16\pi + 9\pi + 9\pi + 1\pi + 1\pi$，即 $36\pi\,cm^2$。也就是说，大圆的面积正好等于 5 个小圆的面积和。由于大圆重叠部分的面积要等于小圆重叠部分的面积和，那么大圆面积减去重叠部分面积就是未重叠部分面积，5 个小圆面积和减去重叠部分面积和就是 5 个小圆未重叠部分面积和。所以大圆内部未重叠部分的面积正好等于 5 个小圆外部未重叠部分面积的总和，只要 5 个小圆相互之间不重叠，随便怎么摆都能满足题目要求（如图）。

阿基米德用上、下界来确定圆周率的取值范围

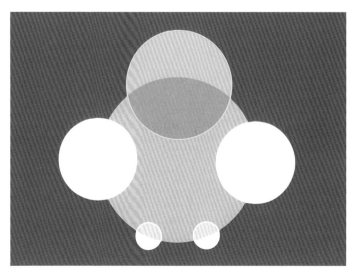

重叠圆

立体图形

　　我们的大脑会将身边的物体简化为图形以便识别。这些物体有的会被简化成平面图形，如长方形的窗户、圆形的光碟等，有的会被简化成立体图形，如冰箱、足球等。常见的立体图形有长方体、正方体、圆柱体、圆锥体和球体等。

圆形的罗马竞技场 360° 观看演出无死角　　　　　　法国巴黎卢浮宫将长方形与三角形完美融合

长方体

　　我们的教室和居室，在建筑结构上是由四面墙壁、一面天花板和一面地板组成的，像这样由六个长方形（有时也是正方形）所围成的立体，就是长方体。把一个长方体放在平面上，最多只能看到它的三个面。

　　长方体的两个相邻的面都相交于同一条边，这条边称为棱。每个长方体都有 12 条棱。其中三条棱相交的点称为顶点。

外形呈长方体的墨西哥国立自治大学图书馆

　　每个长方体有 8 个顶点。相交于一个顶点的三条棱，分别称为长方体的长、宽、高。其三组两两相对的面的长与宽分别相等，所以面积也相等。长方体的四条棱高也都是相等的。

　　设长方体的长为 a，宽为 b，高为 h，则

长方体的表面积＝$(a \times b + a \times h + b \times h) \times 2$；

长方体的体积＝长 × 宽 × 高＝abh。

正方体

　　由 6 个面积相等的正方形所围成的立体称为正方体。

　　正方体是一种特殊的长方体。它和长方体一样有 12 条棱、8 个顶点。所不同的是，正方体的每条棱长度都相等，每个面的面积也都相等。

　　设正方体的棱长为 a，则

正方体的表面积＝底面积 ×6＝$a \times a \times 6$；

正方形的体积＝边长 × 边长 × 边长＝a^3。

荷兰鹿特丹立体方块屋

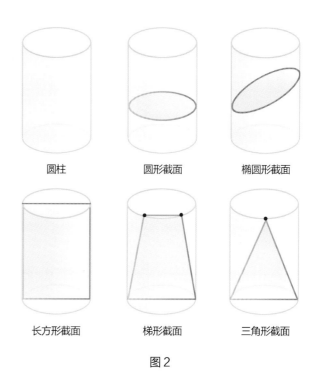

圆柱	圆形截面	椭圆形截面
长方形截面	梯形截面	三角形截面

图2

圆柱

以长方形的其中一条边为轴旋转一周，就会形成一个立体图形，这种图形称为圆柱。比如，马路边的电线杆，就可被视为又高又细的圆柱。通过上下底圆心的直线是圆柱的轴，在圆柱侧面上平行于轴的线段是圆柱的母线。母线有无数条，它们都等于圆柱的高。

将圆柱的侧面沿一条母线剪开，展开在同一平面内，侧面展开图是长方形。若不是沿一条母线剪开，展开图可能是平行四边形或其他图形（如图1）。

用平面将一个圆柱切成两个部分，截面会出现不同的图形。平行于底面来切，截面是圆形；倾斜着横切，截面是椭圆形；沿着圆柱直径并垂直于底面来切，截面是长方形；如果沿着圆柱上底圆面的一条弦向下切到底，并切过底面圆的直径，截面是一个梯形；如果从上底圆面的圆周上一个点，向下切过下底圆面的直径，截面是三角形（如图2）。用其他切法还能得到不同的截面图形。

圆柱体积公式为 $V = \pi r^2 h$，其中，r 是底面半径，h 是圆柱的高。

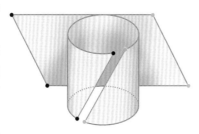

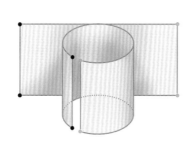

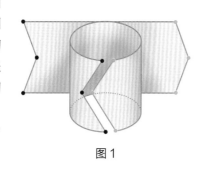

图1

圆锥

你见过漏斗吗？假如我们要把液体倒入瓶口很小的容器，就需要用到这种一头尖、一头圆的小东西。把它的圆口扣在桌面上，就可被视为一种名叫圆锥的立体图形。

圆锥是以直角三角形中的一条直角边为轴旋转一周后形成的立体图形。为轴的直角边是圆锥的高，另一条直角边是圆锥底面的半径，斜边是圆锥侧面的母线。圆锥有无数条母线，把侧面沿圆锥的一条母线剪开，铺展在一个平面上，展开图是一个扇形。扇形的半径是圆锥体的母线，弧长是底面的周长（如图1）。

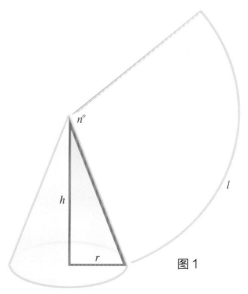

图1

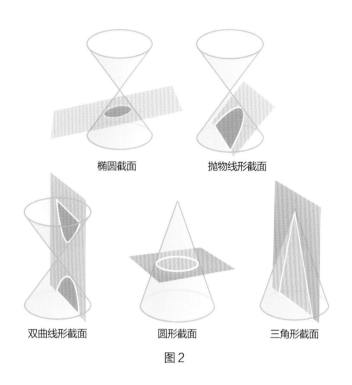

椭圆截面	抛物线形截面
双曲线形截面	圆形截面

三角形截面

图2

日常生活中我们常常见到圆锥体或是截断的圆锥体。用平面截断的圆锥体的截面边缘是曲线。古希腊人阿波罗尼斯在公元前 250 年就已经在研究圆锥体。他发现基本上有 3 种圆锥曲线，即椭圆、抛物线、双曲线。实际上切开的圆锥体所产生的截面不止三种，还有圆形、三角形截面等（如图 2）。我们可以做个实验：准备一个玻璃漏斗和一杯水，将漏斗的一部分浸入水中，使漏斗与水面做不同角度的接触，就可以产生各种截面。

圆锥的体积公式为 $V = \frac{1}{3} Sh$，其中，S 为圆锥的底面积，h 是圆锥的高。

球体

生活中有许多东西都可被视为球体，如乒乓球、足球、篮球、铅球等体育器械；圆白菜、紫甘蓝、西瓜、苹果、橙子等蔬菜或水果……

什么叫球体呢？球体就是球面所围成的几何体。它是到定点的距离小于或等于定长的点的集合。定点是球体的中心，定长是球的半径，球的任意平面截面是圆，球心和截面圆心的连线垂直于截面。

球的体积公式为 $V = \frac{4}{3} \pi r^3$；
球的表面积公式为 $S = 4 \pi r^2$。

球体

容积与体积

容积和体积是两个含义不同的概念，它们之间有区别也有联系。一个物体的体积是指这个物体所占有空间的大小，而容积是指一个物体内部空间能够容纳物体的体积。计算体积和容积的方法是一样的，如果这个物体是长方体，无论是求体积还是求容积，其计算方法都是

$S = 长 \times 宽 \times 高$ 或 $S = 底面积 \times 高。$

如一只长方体木箱，从外面量它的长、宽、高，根据长方体体积公式计算出它所占空间的大小，就是这只木箱的体积；如果从里面量这只木箱的长、宽、高（或深），计算得出的就是木箱里面所能容纳物体的体积，即木箱的容积。从里面测量与从外面测量，在长、宽、高上都会出现长度上的差距，这是因为制作木箱的木板本身有一定的厚度。从外面量时包含了木板的厚度，而从里面量时减去了木板的厚度，这时容积就比体积小。在实际计算中，如果忽略材料的厚度，可以用求体积的方法求容积。容积和体积的区别还在于它们使用的单位不同。体积单位一般用立方米、立方分米、立方厘米等；固体、气体的容积单位与体积单位相同，而液体的容积单位一般用升、毫升等。

容积与体积的比较

怎样焊接容积大

王亮的爸爸王大叔是机械厂的一名机械工程师，他在家中经常提出一些生活中的问题要王亮去解决。有一天，王大叔拿着一块白铁皮对王亮说："我这里有一块长 8 分米、宽 4 分米的长方形铁皮，你给我设计一个深度为 1 分米的无盖水箱的方案。要求是使焊接起来的水箱容积最大。"王亮一听，立

王亮的焊接方案

即动手进行设计。他先在纸上画出长方形示意图，然后在长方形的4个角上分别画出边长为1分米的正方形，并画上阴影，表示是要剪掉的部分，这样就可以焊接成一个底面长＝8－1×2＝6（分米），宽＝4－1×2＝2（分米），高为1分米的无盖铁皮盒（如图1）。这时它的容积＝6×2×1＝12（立方分米）。

王大叔看了王亮的设计方案，对他说："你这样设计会浪费材料，而且盒子的容积不是最大的。你再用一张与白铁皮面积同样大的纸来试试看。"王亮根据爸爸的建议，从不浪费材料这个角度考虑，通过自己剪纸，最后得到了铁皮利用率为100%的设计方案，即把长方形铁皮左侧两个角剪下边长都为1分米的两个正方形铁皮片焊接起来，再把它焊接在右侧的中间部位，最后焊接成的无盖铁盒长为8－1，即7分米；宽为4－1×2，即2分米；高为1分米。这时它的容积为7×2×1＝14（立方分米）。

辨识图形

我们常说"耳听为虚，眼见为实"。我们"眼见"的物体，有色彩、形状、大小等特征，它们都是由各种各样的图形组成。有些时候，这些图形像魔术师手里的道具一样变幻莫测，令人眼花缭乱，使我们的"眼见"未必"为实"。

错觉图形

我们都说眼见为实，但是你知道吗，我们的眼睛所见不一定是事实。请看下面这三组图形，图1中的竖线看上去比横线要长些，图2中右边的竖线看上去比左边的长，而图3中上面的横线显得比下面的长。

扭曲错视

图中正方形的边看似是弯曲的，其实是笔直的，对边也彼此平行。

长度错视

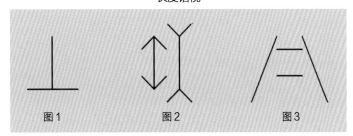

图1　　　图2　　　图3

长度完全相等的线段，看似有长有短。

果真如此吗？你也许很难相信，我们用以比较的这三组线段的长度事实上是完全相等的，只是摆放位置或其他线条的干扰，让我们产生了错觉，像这种眼见非实的图形，就叫错觉图形，也称错视图形。错视是我们无法克服的一种错觉，它又分几种情况。对上面三组线段产生的错视，属于长度错视。另外，还有面积错视、方向错视、透视错视、色块错视、扭曲错视等。

色块错视

面积错视

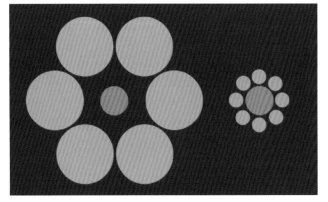

乍看，这是两个颜色不同的圆形，一个像被蓝色遮住中间的黄月亮，一个像两边被黄色遮挡的蓝月亮；但实际上，两个圆形的颜色完全相同，都是两边黄，中间蓝。而它们的背景色，一个是蓝与黑，一个是黄与白。背景色的不同，造成了这种错视效果。

左右两图中间是两个面积相等的圆，而右边的看似较大。

隐藏图形

我们看到的图形，都是由鲜明的线条勾勒出来的。现在请看下面这两张图片，你看到了什么？能看出左图中有个白色的三角形，右图中有个白色边框的正方体，对吗？

不过，我们很清楚上面的三角形和正方体并不是画出来的，也就是说，这两个图形并不真实存在，而是由黑色块的排列方式"造"出来的。像这种通过图形与图形之间、图形与背景之间的特殊关系的巧妙结合使人产生错觉，从而显现出的一些实际不存在却令人感觉存在的图形，就是隐藏图形。

隐藏图形应用在美术作品中，与主体图形构成相互借用、依存的关系，呈现出一幅图里隐藏着另一幅图的奇景。

这幅画的主体是大象、狗和老鼠，而画中的间隙，自然形成了马、猩猩和猫的轮廓。

隐藏的三角形　　　　　隐藏的正方体

数一数，图中藏着多少动物？

颠倒图形

水面上的倒影，我们已经习以为常。当水面平静如镜的时候，物体与倒映在水面上的影子是轴对称的。不过有些时候，一些图形在进行轴对称变换后，会令我们大吃一惊，因为变换后的图形看起来变得完全不同了！请看图1。

图1 人头与马首

很显然，图1左侧是一个男人的肖像，右侧是马的头部画像。当你将它们颠倒再观察时，人头顿时变成了马首，马首瞬间变成了人头！颠倒图形还能出现其他的情况，请看图2。

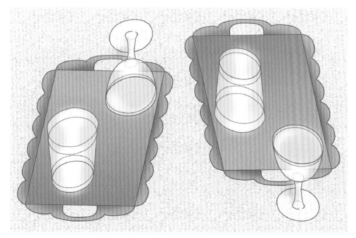

图2 杯子的"倒立"与"立正"

图2中左侧的茶杯是正常摆放的，颠倒后，变成了右侧的"倒立"形象；而左侧水平"躺"着的高脚酒杯，颠倒后变成了右侧"立正"的样子。颠倒图形，就是这么神奇！

对称图形

对称图形或物体对某个点、直线或平面而言，在大小、形状和排列上具有一一对应关系。它是数学中常用的一个重要概念。用图示的方法可以直观地看到这种对应关系。如图1方格中的图形，其中间有条红线，红线两侧是形状相同的线条轮廓。图中点 A 和点 A' 同在一条与红色中线垂直的水平线上，且它们距离中线都是两个方格。点 B 与点 B' 也形成同样的左右对等的关系。像这种以中线为轴，左右位置、大小一一对应的关系是对称关系的一种。具有对称关系的图形就可称为对称图形。

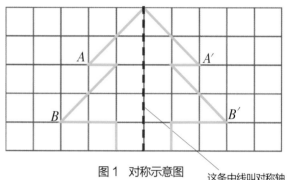

图1 对称示意图

这条中线叫对称轴

对称图形有几种类型，以中线为轴形成的对称图形，属于轴对称图形。其特点是，沿着对称轴折叠，两边的部分完全重合。自然界中不少生物的外观大致是轴对称的，如人体以鼻尖、肚脐眼的连线为对称轴，使眼、耳、鼻、躯干、四肢都形成对称。人类文化，如建筑、艺术等创造物也追求对称美的形式和布局。

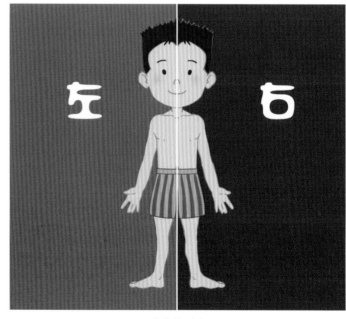

人体的对称

除了普遍存在的轴对称图形，还有中心对称图形和旋转对称图形。在一个平面内，如果把一个图形绕某一点旋转

泰姬陵是典型的对称式建筑

180°，旋转后的图形能和原图形完全重合，那么这个图形就称为中心对称图形。这个点，叫对称中心。中心对称图形上每一对对称点所连成的线段都被对称中心平分。常见的中心对称图形有圆、矩形、菱形、平行四边形等，也包括一些不规则图形。如图 2 中，以 A 为中心旋转 180°，四边形 ABCD 与四边形 AEGF 完全重合。

　　把一个图形绕着一个固定的点旋转一个角度后，与初始的图形完全重合，这种图形就是旋转对称图形，这个定点被称为旋转对称中心，旋转的角度称为旋转角。线段、正多边形、平行四边形、圆等，都是常见的旋转对称图形。所有的中心对称图形，都属于旋转对称图形。正 n 边形都是旋转对称图形，最小旋转角 $= 360/n°$。当 n 是偶数时，它也是中心对称图形。

　　图 3 中的 2 个图形，都是旋转对称图形。其中的 B 是中心对称图形。

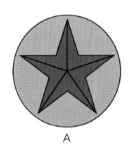
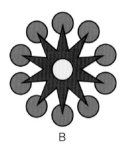

A　　　　　B

图 3　旋转对称图形与中心对称图形

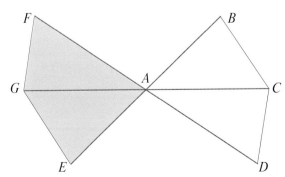

图 2　中心对称图形

对称的正态曲线

　　正态分布曲线是一条中间高，两端逐渐下降且完全对称的钟形曲线。它反映了随机变量的分布规律。在生产与科学实验中，很多随机变量的概率分布都可以用正态分布曲线近似地描述，例如同一种生物体的身长、体重等指标，同一物体弹着点沿某一方向的偏差，某个地区的年降雨量等。

分割图形

前面我们看到了三角形和圆等形状单一的规则图形。而在生活中，我们还会遇到许多不规则的形状，它们有着复杂多变的组成和轮廓。在对规则图形和不规则图形进行数学计算的时候，我们会用到一个有用的方法：分割。

分割规则图形

分割规则图形就是把一个规则图形进行分割，而新分割出来的图形和原来的图形形状要相同，如把一个大正方形分割成 4 个小正方形，再分割成 16 个更小的正方形，继续分割下去就会得到更多的正方形，如图1。

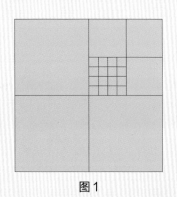

图1

同样，一个大三角形也可以分割出许多小三角形，如图2。

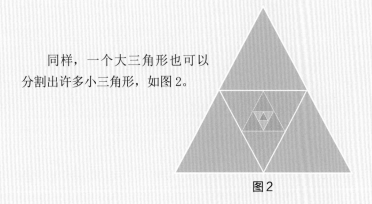

图2

图形分割得越来越多，数起来也越来越复杂，因此需要认真观察，发现规律，才能准确而且不遗漏、不重复地数出共有多少图形。如在图3中共有多少个正方形，需要分类考虑：

- ■ 边长为 1 的正方形有 $4 \times 4 = 16$（个）
- ■ 边长为 2 的正方形有 $3 \times 3 = 9$（个）
- ■ 边长为 3 的正方形有 $2 \times 2 = 4$（个）
- □ 边长为 4 的正方形有 $1 \times 1 = 1$（个）

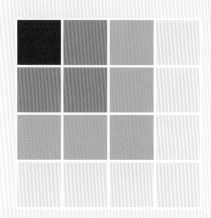

图3

不难发现，如果一个大正方形的每条边被分成 n 等份，那么这个大正方形中所有正方形的总数为 $n^2 + (n-1)^2 + \cdots + 2^2 + 1^2$，所以图3中共有 $4^2 + 3^2 + 2^2 + 1^2$，即 30 个正方形。

图形分割、重组的关键是分得合理，分割出来的图形和重新组合的图形是基本规则图形。图形分割对解题有很大的帮助，如图4中矩形的长、宽分别为 6 厘米、4 厘米，阴影部分的总面积为 10 平方厘米，求四边形 ABCD 的面积。

解法一：四边形 ABCD 和左上方的三角形 EAB、右上方的三角形 ADH 合在一起，能成为三角形 ECH。

三角形 ECH 的面积是 $(6 \times 4) \div 4 = 6$（平方厘米）。

四边形 ABCD 的面积＝三角形 ECH 的面积－（三角形 EAB ＋三角形 ADH）的面积，即

6 －［（三角形 EAF 的面积＋三角形 AGH 的面积）－阴影面积］

＝6 －［半个矩形的面积－阴影面积］

＝6 －（12 － 10）

＝4（平方厘米）。

解法二：四边形 ABCD 和三角形 FBC、三角形 CDG、三角形 CFG 合在一起，能成为三角形 AFG。

三角形 AFG 的面积是 $(6 \times 4) \div 2 = 12$（平方厘米）。

四边形 ABCD 的面积＝三角形 AFG 的面积－（三角形 FBC ＋三角形 CDG ＋三角形 CFG）的面积，也就是

12 －（三角形 *FBC* ＋三角形 *CDG* 面积＋6）

＝12 －（半个矩形的面积－阴影面积＋6）

＝12 －（12 － 10 ＋6）

＝4（平方厘米）。

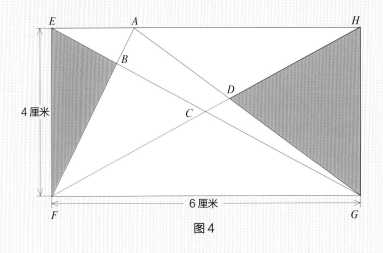

图 4

分割不规则图形

如果把不规则的图形分割成许多形状相同的小图形，就不能套用公式来计算小图形的个数，这时候要具体情况具体分析，如计算下图中共有多少个正方形（图中所有小格子都是形状与面积一样的正方形）。

为方便起见，可把图形分成中间、上下、左右三部分。先看中间部分，中间部分是每边有 6 个相等小格的正方形。按规则图形分割公式共有正方形：

$6^2 + 5^2 + 4^2 + 3^2 + 2^2 + 1^2 = 91$（个）。

再看上部分，除了两个小正方形外，还有连带中间部分由 4 个小正方形重组拼成的一个较大的正方形。因为图形上、下是对称的，所以上、下部分合起来应是

$(2 + 1) × 2 = 6$（个），即 6 个正方形。

最后看左边那部分，除了 6 个小正方形外，由连带中间部分 4 个小正方形重组拼成的较大的正方形有 4 个，由连带中间部分 9 个小正方形重组拼成的较大的正方形有 2 个，由 16 个小正方形拼成的较大的正方形有 1 个。由于图形左、右也是对称的，所以左、右都合起来应该是

$(6 + 4 + 2 + 1) × 2 = 26$（个），即 26 个正方形。

把上述三部分正方形的个数加起来，就得到了问题的答案，即共有正方形

$91 + 6 + 26 = 123$（个）。

数图形看似简单，却容易出错，需要根据图形的构成方法和自身特点，选择适合的方法。

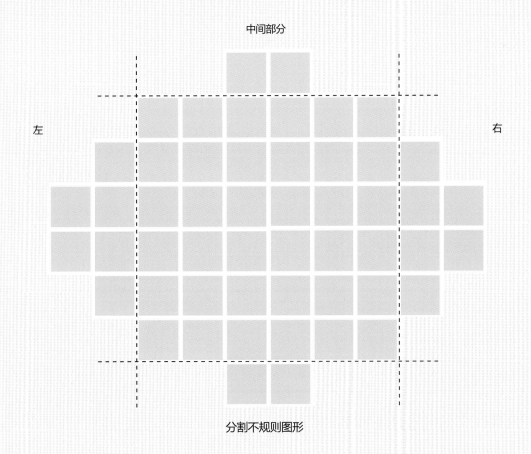

分割不规则图形

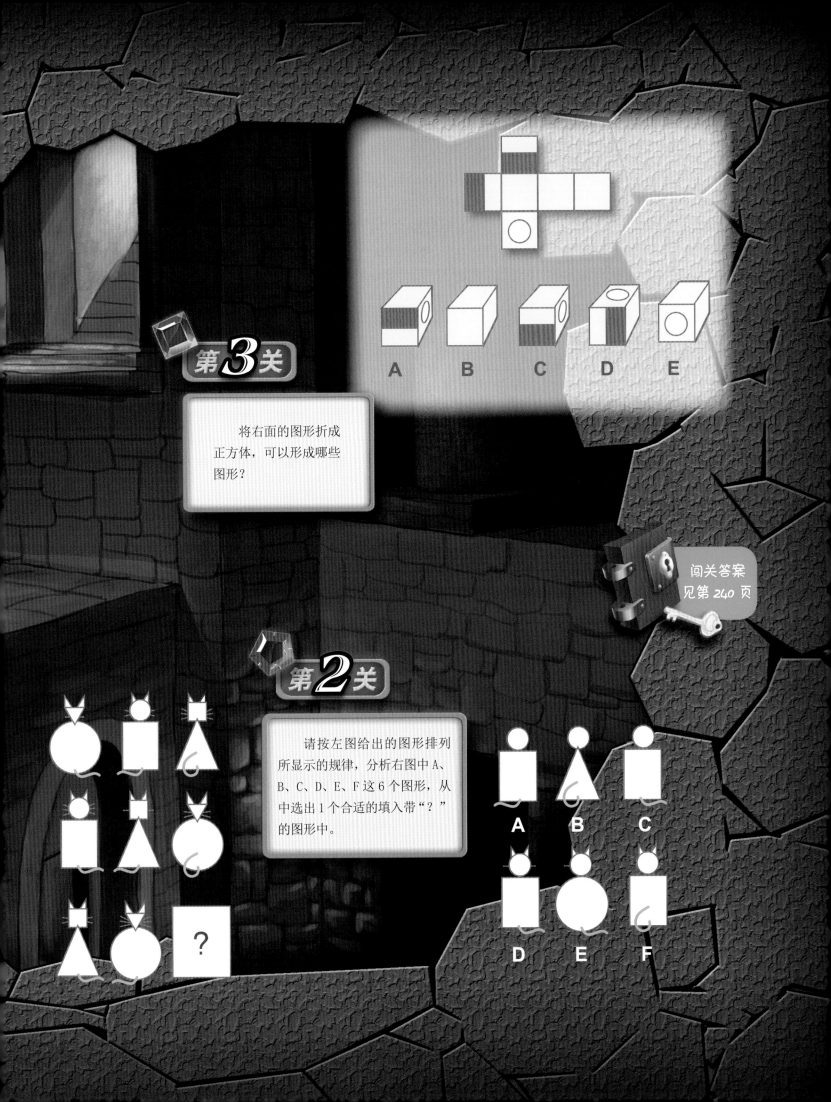

第3关

将右面的图形折成正方体，可以形成哪些图形？

A   B   C   D   E

闯关答案
见第 240 页

第2关

请按左图给出的图形排列所显示的规律，分析右图中A、B、C、D、E、F这6个图形，从中选出1个合适的填入带"？"的图形中。

?

A   B   C

D   E   F

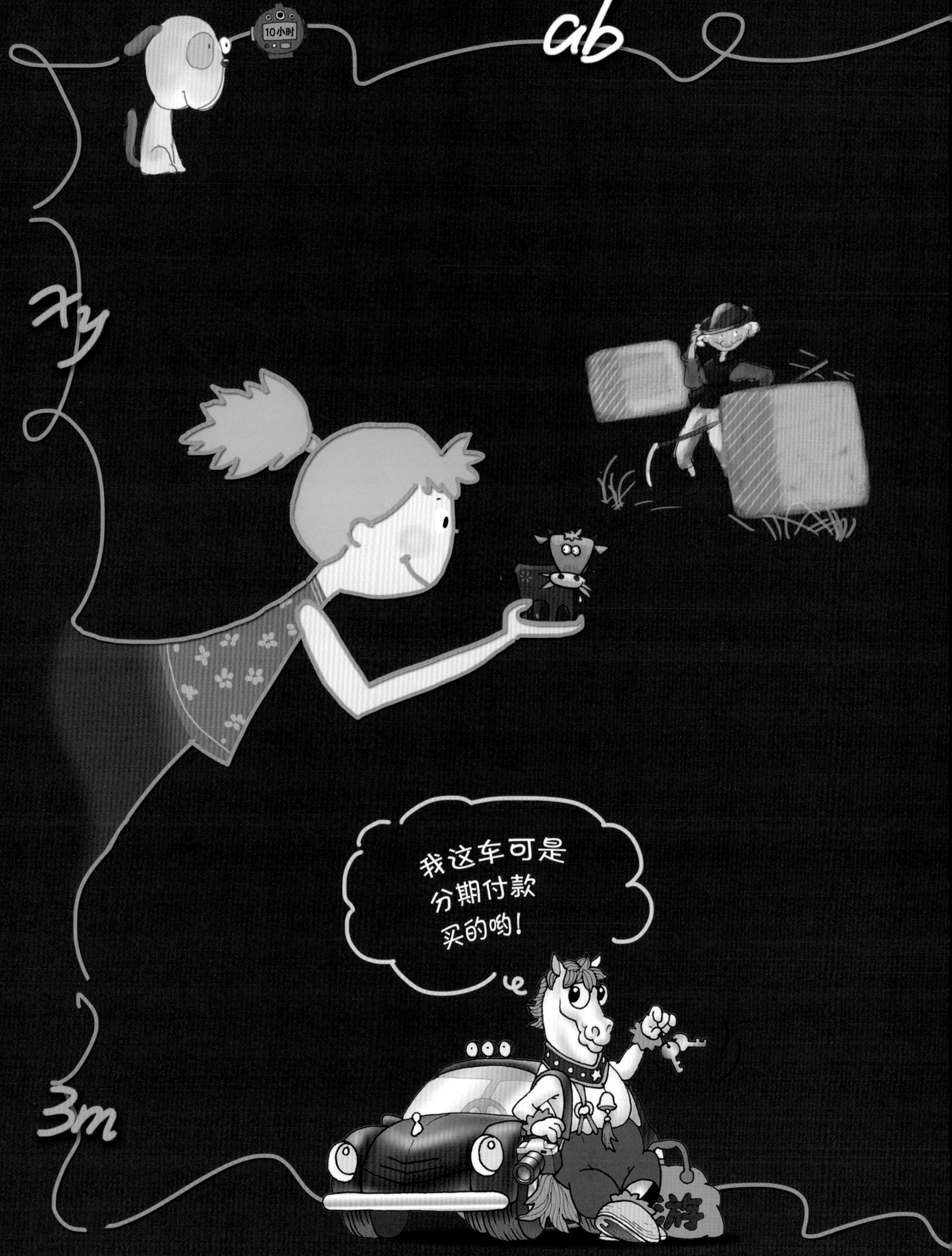

10小时
ab
xy
我这车可是
分期付款
买的哟！
3m
游

名题、趣题
与典型问题

28

名题

数学不是纸上谈兵。我们运用数学思维和方法，能够解决许多生活中的具体问题。很多问题因为解答的方法巧妙而被广为传播，成了家喻户晓的"名题"。学习名题中蕴含的数学智慧，能够帮助我们提高分析问题、解决问题的能力。

鸡兔同笼

我国古代数学著作《孙子算经》中记载了这样一道题："今有雉兔同笼，上有三十五头，下有九十四足，问雉兔各几何？"这道题的意思是，有若干只鸡和兔在同一个笼子里，从上面数，有35个头；从下面数，有94只脚。求笼中各有几只鸡和兔。这就是古代名题——"鸡兔同笼"问题。这类题目有很多种求解方法。

（1）画图解题法：

我们可以以用画示意图的方法来解题。假设35个头都是鸡，每只鸡有2只脚（如下图）。

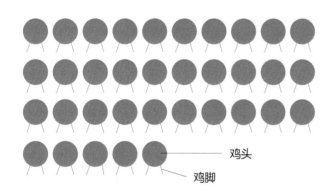

鸡头
鸡脚

这样就有70只脚（2×35），比实际94只脚少了24只脚。为什么呢？因为兔有4只脚，而我们算成2只脚，每只兔少算了2只脚，那么几只兔少算了24只脚？从下图中观察可知，有12只兔。所以笼里有12只兔、23只鸡（如下图）。

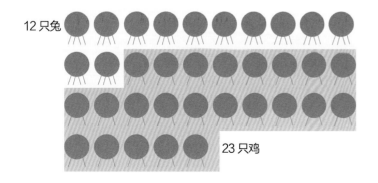

12只兔

23只鸡

（2）列表解题法：

用列表的方法来解题。列表分别假设有5、10、15等只鸡，再根据每只鸡有2只脚，每只兔有4只脚来推算结果与条件是否相符，不符就继续推算，直到假设正好符合题意，便得出有12只兔、23只鸡。

	头	脚	头	脚	头	脚	头	脚	头	脚
鸡	5	10	10	20	15	30	20	40	23	46
兔	30	120	25	100	20	80	15	60	12	48
合计	35	130	35	120	35	110	35	100	35	94

（3）其他解题法：

鸡有2只脚，兔有4只脚，假设鸡也有4只"脚"，那么，35个头本应有140只脚，现在为什么只有94只脚呢？因为每只鸡比兔少两只脚，可求得140 − 94 = 46（只）。46只脚对应23只鸡。那么，余下的正好是12只兔。

孙子巧解鸡兔同笼

《孙子算经》的作者还给出了一种巧解鸡兔同笼问题的算法。他假设砍去每只鸡、每只兔一半的脚，则每只鸡就变成了"独脚鸡"，而每只兔就变成了"双脚兔"。这样，"独脚鸡"和"双脚兔"的脚就由94只变成了47只；而每只"鸡"的头数与脚数之比变为1∶1，每只"兔"的头数与脚数之比变为1∶2。由此可知，有一只"双脚兔"，脚的数量就会比头的数量多1。所以，"独脚鸡"和"双脚兔"的脚的数量与它们的头的数量之差，就是兔的只数，即47 − 35 = 12（只）；鸡的数量就是35 − 12 = 23（只）。

鸡兔同笼问题在解题时运用了假设的思想，即运用了假设法解题。假设法是一种常见的解题方法，解题时首先要根据题意正确地判断应该怎么假设（一般可以假设要求的两个或几个未知量相等，或者假设要求的两个未知量是同一个量）；其次要能够根据所做的假设，观察数量关系发生了什么变化，分析如何从所给的条件与变化的数量关系的比较中做出适当的调整，以找到正确的答案。

孙子巧解鸡兔同笼

斐波那契数列

L. 斐波那契是意大利著名数学家，也是 12、13 世纪欧洲数学界代表人物。他曾提出这样一个问题：某人年初养了一对兔子，如果这对兔子每个月可以生一对小兔子，而新生的每对兔子又在第三个月开始生小兔子，假如一年内没有兔子死亡，那么一年内总共能繁殖出多少对兔子？

我们不妨拿新出生的一对小兔子分析一下：第一个月和第二个月小兔子没有繁殖能力，所以还是一对；第三个月，老

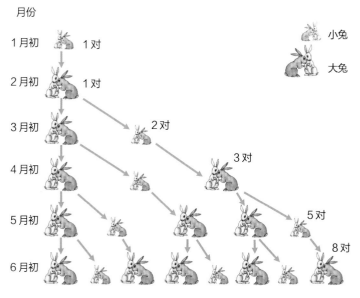

由兔子的繁殖数量构成的斐波那契数列

兔子生下一对小兔，总数共有两对；第四个月，老兔子又生下一对，因为小兔子还没有繁殖能力，所以一共是三对；第五个月，老兔子和 3 月出生的兔子各生一对，但是 4 月出生的小兔子没有生，所以是 5 对……依此类推，可以列出下表：

经过月数	1	2	3	4	5	6	7	8	9	10	11	12	…
总体对数	1	1	2	3	5	8	13	21	34	55	89	144	…

表中数字 1，1，2，3，5，8，……构成了一个数列。这个数列的特点是，前面相邻两项之和，等于后一项。这个数列后来就被称为斐波那契数列。由于在这个数列中，任何相邻的两项前项与后项的比值都接近黄金数 0.618，所以这个数列也叫"黄金数列"。在现代物理、化学等领域，斐波那契数列都有广泛应用。

数学万花筒

植物的斐波那契数列

科学家发现，许多植物与斐波那契数列有关。如，花瓣的数目一般为 3（鸢尾花、百合花、水仙花）、5（梅花、桃花、杏花）、8（格桑花、翠雀花、飞燕草）、13（万寿菊、瓜叶菊、金盏花）、21（向日葵、紫苑花）等。

哥尼斯堡七桥问题

在 18 世纪初，东普鲁士的哥尼斯堡（今属俄罗斯）是一座美丽的城市，普雷格尔河流经于此，这条河中有两个小岛，还有七座桥横跨河上，把全镇连接起来。这使得当地居民热衷于一个有趣的数学游戏：一个人怎样才能不重复地走遍七座桥，最后又回到出发点。对于这个貌似简单的问题，当时许多人跃跃欲试，但都没有获得成功，这就是有名的哥尼斯堡七桥问题。后来，瑞士数学家 L. 欧拉用一个非常巧妙的方法解决了这个问题。

欧拉认为，人们关心的只是不重复地走遍七座桥，而并不关心桥的长短和岛的大小，因此他用点表示岛和陆地，用两点之间的连线表示连接它们的桥，把河流、小岛和桥简化为一个网络。于是，这样一个实际问题就转化成了一个简单的几何图形，七桥问题也被归结为一笔画问题。他不仅解决了此问题，还总结出了连通图可以一笔画的重要条件，那就是奇点的数目必须是 0 个或 2 个。所谓奇点，就是汇集线数为奇

哥尼斯堡七桥问题

A、C 分别表示两岸，
B、D 表示两岛，七条
弧线表示七座桥，一
笔能画出这张图吗？

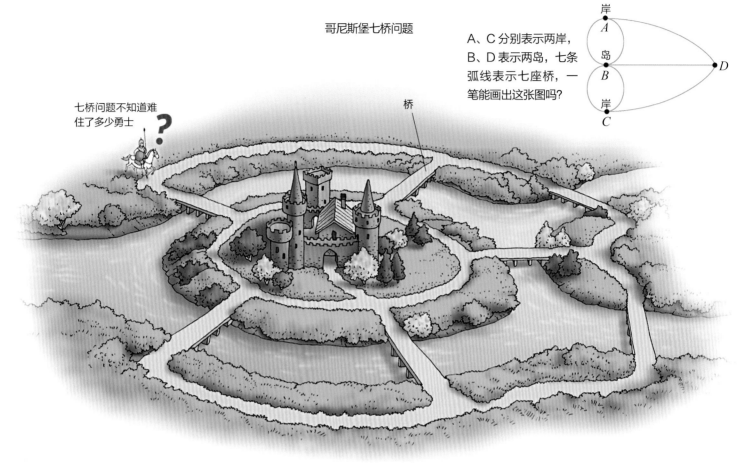

七桥问题不知道难
住了多少勇士

桥

数的点。所谓偶点，就是汇集线数为偶数的点。任何图要想一
笔画成，中间点必须都是偶点，也就是有来路必有去路。奇点
要么没有，要么在两端。而七桥问题中，有 4 个奇点，所以不
重复地一次走完七桥是不可能的。

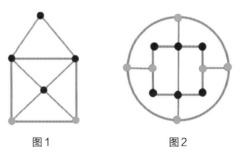

图1   图2

蓝色点是奇点，红色点是偶点，哪个图能一笔画成，一目了然。

一笔画问题

　　一笔画问题是由七桥问题引申而来的问题。一笔画就是由
一笔画出的图形。画图时从图的一点出发，笔不离纸，遍历每
条线恰好一次，即每条线都只画一次，不准重复。现在人们对
一笔画有了进一步的认识。如图1、图2这样连在一起的图叫
连通图。在连通图中，有奇数条线汇集的点就是奇点，有偶数
条线汇集的点就叫偶点。凡是由偶点组成的连通图，一定可以
一笔画成，画时可以任一偶点为起点，再以这个点为终点画完
全图；凡是只有两个奇点（其余均为偶点）的连通图，也可以
一笔画完，画时必须以一个奇点为起点，另一个奇点为终点；
其他情况的图都不能一笔画出。由此，图1有2个奇点，4个偶点，
可以一笔画成；图2有6个奇点，不能一笔画出，至少需要三
笔才能画出。

尺规扩体

　　传说大约在公元前400年，雅典流行瘟疫。为了消除灾难，
人们向太阳神阿波罗求助。阿波罗提出要求，必须将他神殿
前的立方体祭坛的体积扩大到原来的两倍，否则瘟疫还会继
续流行。他还要求人们扩建时只能使用圆规和无刻度的直尺，
而且只能有限次地使用圆规和直尺。人们怎样做才能满足阿
波罗提出的要求呢？

　　经过2000多年的艰苦探索，数学家们终于弄清楚这个古
典难题是"不可能用尺规完成的作图题"。主要原因是作图

工具有限，一旦改变作图的条件，问题就会变成另外的样子。假设用有刻度的直尺，这一问题就会迎刃而解。如果正方体边长是 1，那么它的体积也是 1；把边长扩大到 1.25，其体积就变成 1.953125；如果边长是 1.26，其体积就是 2.000376。所以，想要使体积是原来的两倍，边长应大于 1.25 而小于 1.26。尺子的刻度越精确，体积的值才能越准确。用无刻度

太阳神阿波罗与立方体祭坛

的直尺和圆规虽然可以做出许多种图形，但要把阿波罗神殿前的立方体祭坛的体积扩大到原来的两倍，根本是不可能完成的工作。不信你就试试看。

牛顿问题

　　I. 牛顿是英国著名的物理学家，他编过很多牛吃草的问题，后来人们把这类问题统称为牛顿问题。比如，有一道题是这样的：牧场上有一片青草，每天都生长得一样快。这片青草供给 10 头牛吃，可以吃 22 天，或者供给 16 头牛吃，可以吃 10 天，问：如果供给 25 头牛吃，可以吃多少天？

　　在牛顿问题中，有两个变量需要注意，一个是牛每天都在吃草，还有一个是草每天都在长高。可以先求出草场每天长出的新草量和草场原有的草量，然后把牛分成两部分来计算，其中一部分吃掉新长出的草，另外一部分吃掉原有的草，根据这两个量就能求出牛可吃草的天数。设一头牛 1 天吃的草为 1 份。那么 10 头牛 22 天吃草为 $1 \times 10 \times 22 = 220$（份），16 头牛 10 天吃草为 $1 \times 16 \times 10 = 160$（份），$(220 - 160) \div (22 - 10) = 5$（份），说明草场每天长出新草 5 份。$220 - 5 \times 22 = 110$（份），说明草场原有草量为 110 份。所以，25 头牛能吃草的天数为 $110 \div (25 - 5) = 5.5$（天）。

牛顿问题

托尔斯泰问题

　　L.N. 托尔斯泰是俄国著名的文学家，但他对数学也很有兴趣。他经常编写一些有趣的数学问题，被人称为托尔斯泰问题。其中，有一道关于割草的问题是这样的：割草队要割两块草地，其中一块比另一块大一倍。全队在大块草地上割了半天后，平均分为两分队，一分队继续留在大块草地上，另一分队转移到小块草地上。留下的人到晚上就把大块草地全割完了，而小块草地上还剩一小块未割。第二天，这剩下的一小块，一个人花了一整天时间才割完。问：割草队共有多少人？

　　托尔斯泰的割草问题有很多种解法。比如，可以用列方程组的方法，设割草队共有 x 人，每人每天割草的面积为 1，小块草地的面积为 k，则大块草地的面积为 $2k$，根据题意可列如下方程组：

$$\begin{cases} \dfrac{x}{2} + \dfrac{x}{2} \times \dfrac{1}{2} = 2k \\ \dfrac{x}{2} \times \dfrac{1}{2} + 1 = k \end{cases}$$

解得：

$$\begin{cases} x = 8 \\ k = 3 \end{cases}$$

　　所以割草队共有 8 人。除了列方程组，还有一种更简便的思路：画出大小两块草地，标出割草队在大小两块草地第二次分组后的割草总量，用阴影表示。由于大块草地面积是小块草地面积的 2 倍，全队人在大块草地上割半天所割下草的面积也是一半人在小块草地上割半天所割下草的面积的 2 倍。由于大块草地上的阴影部分由一半人半天割完，所以小块草地上的阴影部分需总人数的 $\frac{1}{4}$ 用半天割完，相当于总人数的 $\frac{1}{8}$ 用一天割完，而实际上，小块草地上的阴影部分由 1 人割 1 天割完，所以总人数为 8。

托尔斯泰问题

毕达哥拉斯的学生人数

毕达哥拉斯是古希腊著名的哲学家、数学家和天文学家。据说，有人问毕达哥拉斯有多少个学生，他并没有直接回答这个问题，而是出了一道有趣的数学题："我的学生 $\frac{1}{2}$ 在学数学，$\frac{1}{4}$ 学音乐，$\frac{1}{7}$ 沉默寡言，另外还有 3 名女生（每个学生只占一项）。你算一算我有多少名学生？"

这是一道应用分数来解决实际问题的数学题。可以设毕达哥拉斯有 x 个学生，根据题意，利用总人数减去学数学的学生人数，减去学音乐的学生人数，再减去沉默寡言的学生人数，等于 3 名女生。列出方程：

$$x - \frac{x}{2} - \frac{x}{4} - \frac{x}{7} = 3$$

求出 $x = 28$，即得到他有 28 个学生。

这个问题并不难解答，但毕达哥拉斯这种能在日常生活中发现数学问题的能力和习惯，让后人明白了数学来源于生活、生活中处处有数学的道理。

摩诃毗罗算题

摩诃毗罗是古代印度的数学家。在摩诃毗罗的著作中，记载了有关分数的问题。

例如：国王、王后和 4 个王子分吃一堆芒果，国王取 $\frac{1}{6}$，王后取剩下芒果的 $\frac{1}{5}$，大王子、二王子和三王子取逐次剩下的 $\frac{1}{4}$、$\frac{1}{3}$ 和 $\frac{1}{2}$，最小的王子取剩下的 3 个芒果。问：原有多少芒果？

用逆推法解：先设二王子取芒果后剩下 x 个芒果，减去三王子取走的 $\frac{1}{2}$，剩下的就是小王子取到的 3 个，即得到：

$$x - \frac{x}{2} = 3$$

求出二王子取走后剩下 6 个芒果；然后设大王子取芒果后剩下 y 个，减去二王子取走的 $\frac{1}{3}$，就是剩下的 6 个，即得到：

$$y - \frac{y}{3} = 6$$

求出大王子取芒果后剩下 9 个芒果；接着设王后取芒果后剩下 z 个芒果，减去大王子取走的 $\frac{1}{4}$，就是剩下的 9 个，即得到：

$$z - \frac{z}{4} = 9$$

求出王后取芒果后剩下 12 个芒果；再设国王取后剩下 a 个芒果，减去王后取走的 $\frac{1}{5}$，就是剩下的 12 个，即得到：

$$a - \frac{a}{5} = 12$$

求出国王取芒果后剩下 15 个芒果；最后设原来有 b 个芒果，减去国王取走的 $\frac{1}{6}$，就是剩下的 15 个芒果，即得到：

$$b - \frac{b}{6} = 15$$

最后可求出原来有芒果 18 个。

毕达哥拉斯和他的数学题

摩诃毗罗算题

借马分马问题

从前，有一位商人临终前将他的三个儿子叫到身边说："我死后将 11 匹良马分给你们三人，你们要按照我的遗嘱去分配，老大分 $\frac{1}{2}$，老二分 $\frac{1}{4}$，老三分 $\frac{1}{6}$，但不能把马杀死或者卖掉。"兄弟三人处理完老人的后事，准备按遗嘱分马，却总不能按整数来分得马。三人只好去请教聪明的牧马人。牧马人从自家牵来 1 匹马，与 11 匹马合在一起凑成了 12 匹马，让他们再按遗嘱分配，结果老大分得了 12 匹马的 $\frac{1}{2}$，是 6 匹马；老二分得了 12 匹马的 $\frac{1}{4}$，是 3 匹马；老三分得了 12 匹马的 $\frac{1}{6}$，是 2 匹马。他们分得的马总计 6 + 3 + 2 = 11 匹，剩下的那匹马正好归还给了牧马人。

三个兄弟十分佩服牧马人的聪明才智。利用这种方法，马匹数是 41、23、19 时都可以分到整匹马。

"借马分马"适用分法表

分法	1	2	3	4	5	6	7
马匹总数	41	23	19	17	11	11	7
老大	$\frac{1}{2}$	$\frac{1}{2}$	$\frac{1}{2}$	$\frac{1}{2}$	$\frac{1}{2}$	$\frac{1}{2}$	$\frac{1}{2}$
老二	$\frac{1}{3}$	$\frac{1}{3}$	$\frac{1}{4}$	$\frac{1}{3}$	$\frac{1}{3}$	$\frac{1}{4}$	$\frac{1}{4}$
老三	$\frac{1}{7}$	$\frac{1}{8}$	$\frac{1}{5}$	$\frac{1}{9}$	$\frac{1}{12}$	$\frac{1}{6}$	$\frac{1}{8}$

这种思想方法，其实是利用了"借"的学问，它可以解决生活中碰到的一些实际问题。如郊游时买了 24 瓶饮料，喝完后，4 个空瓶可以再换一瓶饮料（包括瓶子），最多可以喝到多少瓶饮料？

这个问题可以这样思考：喝完 24 瓶饮料，用 24 个空瓶可以换 6 瓶饮料，喝完后，再用 6 个空瓶中的 4 个换一瓶饮料，喝完了，还有 3 个空瓶。

利用"借马分马"的思想，可以向商店借一个空瓶，又可以换一瓶饮料，喝完后把这个空瓶再还给商店。这样，共喝到了 24 + 6 + 1 + 1，即 32 瓶饮料。

谁得优人数多

有些问题看似简单，但要通过认真的分析和思考，才能得到正确的答案。

例如红星小学和立民小学各有 100 名学生参加数学竞赛，红星小学男生的优秀率为 50%，女生的优秀率为 60%；立民

立民小学女生的优秀率

小学男生的优秀率为 45%，女生的优秀率为 55%。问：立民小学有没有可能比红星小学得优人数多呢？

如果只从表面分析，红星小学男生优秀率大于立民小学男生的优秀率（50% > 45%），红星小学女生的优秀率也大于立民小学女生的优秀率（60% > 55%），由此可能会错误推断红星小学得到优秀的学生一定多。这种分析方法没有考虑到参加竞赛的总人数虽然相同，但是每个学校的男、女生人数不一定相同。如果红星小学参加竞赛的男、女生分别为 80 人和 20 人，立民小学参加竞赛的男、女生分别为 20 人和 80 人，那么得到：

两校优秀率统计

分类	人数	参赛人数	优秀人数	优秀率
红星小学	男生	80	40	50%
	女生	20	12	60%
	合计	100	52	52%
立民小学	男生	20	9	45%
	女生	80	44	55%
	合计	100	53	53%

从上表可以看出，立民小学总得优人数比红星小学多，优秀率也比红星小学的高。

父亲的遗嘱是一道数学题

分遗产问题

18世纪的著名瑞士数学家 L. 欧拉提出过一个分遗产的问题：父亲临终时立下遗嘱，按下述方式分配遗产，大儿子分得100瑞士法郎和剩下财产的十分之一，二儿子分得200瑞士法郎和剩下财产的十分之一……以此类推，分给其余孩子，最后发现，遗产全部分完后，所有孩子分得的遗产相等。问：遗产总数、孩子人数和每个孩子分得的遗产各是多少？

解：设遗产共有 x 元，每个儿子分得 y 元，则

大儿子分得：$y = 100 + (x - 100) \times 10\%$；

二儿子分得：$y = 200 + (x - y - 200) \times 10\%$；

三儿子分得：$y = 300 + (x - 2y - 300) \times 10\%$；

……

联立任意两个儿子应得遗产所列的算式，通过解方程，就可以求出 x 和 y，如用大儿子和二儿子应得遗产所列的算式解方程，可列出 $100 + (x - 100) \times 10\% = 200 + (x - y - 200) \times 10\%$，解方程得 $y = 900$，即每个儿子分得900瑞士法郎，代入大儿子应得遗产的方程，得 $x = 8100$，即老人共有财产8100瑞士法郎，有儿子9个，他们各得遗产900瑞士法郎。

分期付款问题

在现代社会中，用分期付款的方式买房、车和钢琴等商品是常见的消费形式，这就遇到了分期付款的问题。如钢琴售价为15000元，可以用分期付款的方式购买，要求首付3000元，余额的付款方式有以下两种：

（1）分成4个季度付清，每个季度还3000元，并且要同时依次还3000元的3%、4%、5%和6%的利息。

（2）剩余款一年后一次付清，同时还要付剩余款的5%作为利息。

第一种付款方式实际共还款

$3000 \times (3\% + 4\% + 5\% + 6\%) + 3000 \times 4 = 12540$（元），

再加上首付的3000元，一共付款15540元，比一次性购买多花540元。

第二种付款方式实际还款

$12000 \times 5\% + 12000 = 12600$（元），

再加上首付的3000元，一共付款15600元，比一次性付款要多花600元。

由此看来，第二种还款方式要比第一种多花60元。但是，第二种还款方式的优点是可以一年后一次性还款，这样资金可以在一年中继续使用，还免去了分4次还款的麻烦。可见，具体采用哪种付款方式购物，要根据自己的实际情况而定。

分期付款问题

个人所得税预扣税率表

级数	工资、薪金所得预扣预缴适用		
	累计预扣预缴应纳税所得额	预扣率（%）	速算扣除数（元）
1	不超过 36000 元的部分	3	0
2	超过 36000 元至 144000 元的部分	10	2520
3	超过 144000 元至 300000 元的部分	20	16920
4	超过 300000 元至 420000 元的部分	25	31920
5	超过 420000 元至 660000 元的部分	30	52920
6	超过 660000 元至 960000 元的部分	35	85920
7	超过 960000 元的部分	45	181920

纳税问题

缴纳个人所得税是每个公民的义务。按《中华人民共和国个人所得税法》规定，各项个人所得应当缴纳个人所得税，其中工资、薪金所得，劳务报酬所得，稿酬所得，特许权使用费所得按纳税年度合并计算个人所得税。工资、薪金所得基本减除费用标准为 5000 元／月，并适用综合所得税率。个人的综合所得，以每一纳税年度的收入额减除费用 60000 元以及专项扣除、专项附加扣除和依法确定的其他扣除后的余额，为应纳税所得额。

例如小明的爸爸在北京工作，2019 年 1 月份的工资为 20000 元，每月五险一金费用为 4440 元，在不计算专项附加扣除费用的前提下，扣掉免税部分 5000 元，应纳税部分为 10560 元，那么他 1 月份应缴纳多少个人所得税呢？这道题是实际生活中经常遇到的问题。

小明的爸爸应纳税所得额为 10560 元，根据表中所列税率可知，它对应的税率为 3%，对应的速算扣除数为 0 元：

$$10560 \times 3\% - 0 = 316.8（元）$$

所以，小明的爸爸应缴纳个人所得税 316.8 元。

数学万花筒

窗户多了也纳税

1696 年，英格兰和威尔士开始征收窗户税。1748 年，苏格兰也开始征收窗户税。开始时，只有窗户数多于 10 个的房子才征窗户税。后来，只要有 7 个窗户就征窗户税。一个房子的窗户越多，要交的税也就越多。为了少交税，人们便使用砖头堵住一些窗户，这严重影响了人们的身心健康。

1851 年，在人们的反对声中，窗户税被废止了。

纳税额需要按国家的纳税税率标准计算

趣题

　　严谨的概念、固定的公式、周密的运算……这一切似乎使数学板起一副严肃的面孔。但是也许你想不到，生活中许多有趣的问题其实都蕴含着数学哲理。通过一道道趣题，你会发现，数学不仅趣味无穷，还能激荡我们的大脑，帮助我们破解一个又一个奥秘。

聚会握手的学问

聚会握手

　　假如参加一次聚会的每两个人都握了一次手，所有人共握手 10 次，有多少人参加聚会？

　　解题：设有 x 个人参加握手，则每一个人握手 $x-1$ 次，总共握手 $x(x-1)$ 次，在这个算法中，每一次握手都重复计算一次，因此实际上握手 $x(x-1)\div 2$ 次。所以

$$x(x-1)\div 2 = 10,$$

解得 $x = 5$。

所以有 5 人参加聚会。

丢番图的墓志铭

　　丢番图是古希腊著名数学家。他的墓志铭是一道数学题，通过计算，可以知道他的寿命。丢番图的墓志铭是这样写的：

　　过路人！这儿埋葬着丢番图，他生命的六分之一是童年；再过了一生的十二分之一后，他开始长胡须；又过了一生的七分之一后他结了婚；婚后五年他有了儿子，但可惜儿子的寿命只有父亲的一半；儿子死后，老人又活了四年就结束了余生。

　　这是一道一元一次方程。设丢番图寿命为 x 岁，由题意得 $\dfrac{x}{6} + \dfrac{x}{12} + \dfrac{x}{7} + 5 + \dfrac{x}{2} + 4 = x$。

　　化简这个方程，得 $\dfrac{75}{84}x + 9 = x$。

　　再简化，得 $x = 84$。

　　你算出来了吗？丢番图的寿命是 84 岁。

驴和骡子

　　在古希腊，流传着一道用童话诗写成的问题，题目叫"驴和骡子"。问题是这样的：

　　驴和骡子驮着货物并排走在路上。驴埋怨自己驮的货物太重。骡子对驴说："你发什么牢骚啊！我驮的货物比你重。假若你的货物给我一口袋，我驮的货就比你驮的重一倍，而我若给你一口袋，咱俩驮的才一样多。"问：驴和骡子各驮几口袋货物？

　　这个问题可以用列方程组的方法来解：

　　设驴驮 x 个口袋，骡子驮 y 个口袋，则驴给骡子一口袋后，驴还剩 $x-1$ 个口袋，骡子则有 $y+1$ 个口袋，这时骡子驮的是驴的 2 倍，所以有

　　$2(x-1) = y+1$　　①

　　又因为骡子给驴一口袋后，骡子还剩下 $y-1$ 个口袋，驴则有 $x+1$ 个口袋，此时骡子和驴驮的货相等，所以有

　　$x+1 = y-1$　　②

　　由①与②联立，

$$\begin{cases} 2(x-1) = y+1 \\ x+1 = y-1 \end{cases}$$

　　由①－②得 $x-3 = 2$，即 $x = 5$，从而得 $y = 7$。

　　所以，驴原来驮 5 个口袋，骡子原来驮 7 个口袋。

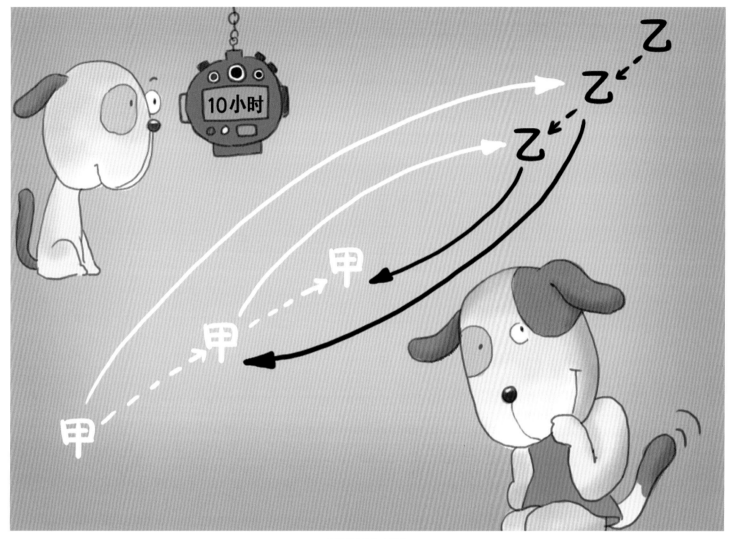

小狗跑了多少路?

小狗跑路

甲、乙两人同时从两地相向出发,距离 50 千米。甲的速度是每小时 3 千米,乙的速度是每小时 2 千米,甲带小狗,狗的速度是每小时 5 千米。狗碰到乙就去找甲,碰到甲就去找乙……直到两人相遇,狗跑了多少千米?

解:狗跟甲同时出发,也跟甲同向而行,所以到甲、乙相遇,狗跑的时间与甲、乙从出发到相遇的时间是相同的,而甲、乙两人相遇的时间为 50÷(3+2)= 10(小时)。所以,答案是狗共跑了 5×10 = 50(千米)。

钻石大盗

法国作家大仲马笔下有一位狡猾的首饰匠。他在给贵夫人做首饰时,经常改变钻石的位置,这样,钻石减少几颗也不易被原主人察觉,他就能顺利地偷走一些钻石。利用这种方法,他偷了很多钻石,后来被人称为钻石大盗。

右图中的钻石别针原来镶嵌了28 颗钻石,拿到号称“钻石大盗”的首饰匠那里加工后,就神秘失踪了 3 颗钻石。为了蒙骗贵夫人,在她来取别针时,首饰匠让她从上往下数到中央,再分别从中央向左、向右、向下数,这样,每次数的结果都是 7 颗钻石。据此,首饰匠告诉贵夫人说,别针上还是 28 颗钻石。贵夫人之所以被蒙骗,是因为错将中央的一颗钻石多数了三次!

钻石大盗利用重复计数的
方法偷走了 3 颗钻石

131

典型问题

我们每天都面对很多问题，处理很多事情。这些问题与事情有的琐碎、枯燥，有的纷繁、复杂。要想迅速、有效地处理好这些问题与事情，达到事半功倍的目的，必须从中找出规律和窍门，把它们变成"典型问题"去处理。

典型的归一问题

归一问题

珠算是我国古代人发明创造出来的一种简便的计算方法，2013 年它已经被联合国教科文组织列入人类非物质文化遗产名录。在珠算中，计算除法时有一种方法被称为归除法，即除数是几，就称为几归。比如，除数是 3，就叫三归，归一就表示用除法求出一个单位的数值。在现代数学中，有这么一类应用题，解题时要用到归一的思想，被称为归一问题。

归一问题可以分为两种：一种是求总量的，叫正归一问题；另一种是求份数的，叫反归一问题。归一问题中，总会有一个不变的量，这个不变的量就是单位数量，如一个人每天吃几个包子、物体的单价、车子的速度等。只要抓住这个不变量，再根据各数量之间的关系，就能得到需要的答案。

例题：一个果园请人帮忙摘桃子，4 个人 3 个小时共摘桃子 600 千克，照这样计算，5 个人 8 小时可以摘多少千克桃子？

分析：这是一道典型的归一问题，抓住不变的量——1 个人 1 小时能摘多少桃子。先计算出不变量，然后再算 5 个人 8 小时可以摘多少桃子。

列式：600÷4÷3×5×8 ＝ 2000（千克）

所以，答案为 5 个人 8 小时可以摘 2000 千克的桃子。

归总问题

在数学中，我们往往会碰到许多数量，这些数量之间的关系千变万化。但总有一个数量是一定的，就是数量之间的总和。要分析出各数量之间的关系，可以先把它们的总和算出来，这种方法就叫归总法，这类应用题就叫归总问题。

解决归总问题的关键是先求出总数，再根据应用题的要求，求出每份是多少，或有这样的几份。

例题：一项工程，预计 30 人 15 天可以完成。工作 4 天后，又增加 3 人。如果每人工作效率相同，这样可以提前几天完成任务？

解析：要求提前几天完成任务，必须知道实际工作的天数。

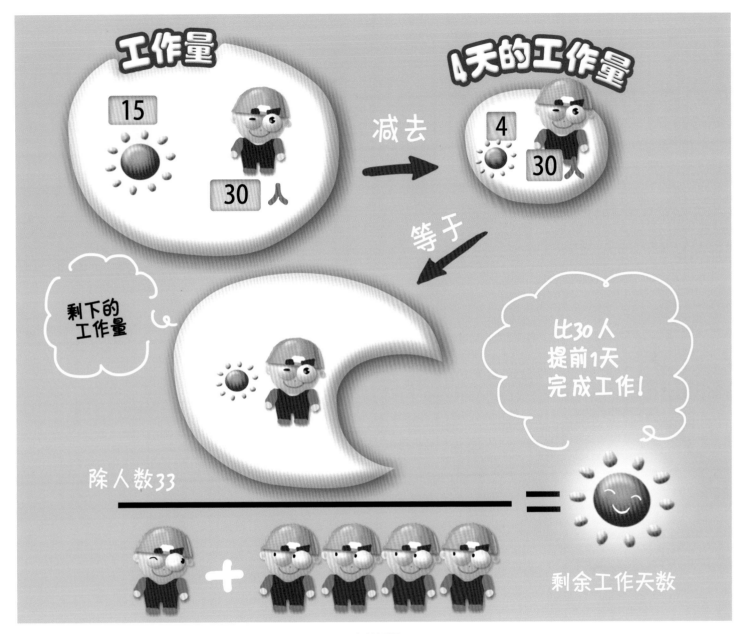

归总问题

要求实际工作天数，又要先求工作 4 天后，余下的工作需要几天完成，求余下的工作量应用总工作量（15×30）减去 4 天的工作量（4×30）。

列式：

$15-〔（15×30-4×30）÷（30+3）+4〕$

$=15-〔（450-120）÷33+4〕$

$=15-〔330÷33+4〕$

$=15-〔10+4〕$

$=15-14$

$=1$（天）

所以，答案是可以提前 1 天完成任务。

和差倍问题

我们站在街上一动不动，感觉自己是静止的，其实不然，我们无时无刻不随着地球在太空中转动。世界上的万物，也都在不断变化中，如河流看起来并没有变化，其实前一秒流过的水跟后一秒流过的水完全不同。可以说，世界没有绝对的静止，只有永恒的变化。

在数学中，各个数量之间的关系，也不是固定不变的。当某一个条件发生变化时，其他数量之间的关系就会跟着变化。在这些变化之中，有的是总和发生变化，有的是相差有了改变，还有的是它们之间的倍数关系变了。这类因条件发生变化，产生新的和、差或倍数的问题，统称为和差倍问题。它们有的是

和差变化，有的是和倍变化，有的是差倍变化。

只要弄清各个数量之间的关系变化，就可以解决各种和差倍问题。

例题：小明家养的白兔和黑兔一共有22只，如果再买4只白兔，白兔和黑兔的只数一样多。问：小明家养的白兔和黑兔各多少只？

分析：解这道题的关键是要理解"如果再买4只白兔，白兔和黑兔的只数一样多"这句话的意思。你可以把它理解成白兔比黑兔少4只，也可以理解成黑兔比白兔多4只。只要理解了这个已知条件，我们就可以把这个题转换成典型和差问题来解决了。

解答：

我们可以把黑兔多的4只减掉，看成两个白兔的数量来计算。

列式：

白兔只数＝（22－4）÷2＝9（只），黑兔只数＝22－9＝13（只），或9＋4＝13（只）。

所以，小明家养的白兔为9只，黑兔为13只。

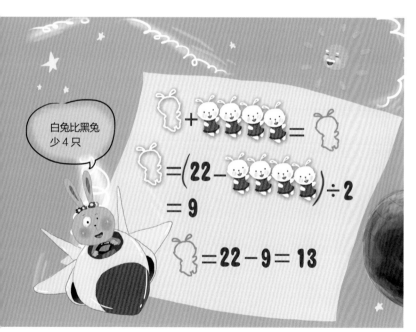

和差倍问题

倍比问题

花籽是一只小松鼠。天气转凉，已是深秋的季节，眼看着冬天就要来了。为了能顺利过冬，花籽要赶在第一场雪来临之前，收集足够多的松果。假如花籽7天能收集20个松果，那么要想收集100个松果，它需要多少天？像这类与倍数和比例式有关的问题，我们叫它倍比问题。

倍比问题

倍比问题中，一般有两个已知的同类量，其中一个量是另一个量的若干倍，解题时，先求出这个倍数，再用倍比的方法算出要求的数。这就是说，只要抓住"总量÷一个数量＝倍数"，再用"另一个数量×倍数＝另一总量"就可以求解了。

例题：一辆汽车，从 A 地到 B 地行了480千米，用了6小时，以同样的速度继续开往 C 地，又行了4小时。问：从 B 地到 C 地有多少千米？

分析：因为汽车的速度没有变，那么6小时是4小时的几倍，它所行的路程也是4小时所行路程的几倍，从而可以求出 B 地到 C 地的距离。

列式：

$480÷（6÷4）$

$＝480÷\dfrac{3}{2}$

$＝480×\dfrac{2}{3}$

$＝320$（千米）

所以，从 B 地到 C 地有320千米。

年龄问题

年龄是我们从出生到老，伴随一辈子的标签之一。年龄通常用"岁"来表示。比如，小明今年11岁，那就是说从小明出生到现在已经有十一年了。与年龄有关的问题，我们统称为年龄问题。

在年龄问题中，常见的是两个或两个以上的人的年龄变化和差异的问题。这类问题与和差、倍数等有关，在解决这类问题时，有几点重要原则：①任何两人的年龄差不变；②任何两人年龄之间的倍数关系是变化的；③每过一年，所有的人都长了1岁。

例题：一家四口人的年龄加在一起是100岁，弟弟比姐姐小8岁，父亲比母亲大2岁，十年前他们全家人年龄的和是65岁。想想看，今年每人的年龄是多大？

分析：全家四口人的年龄在十年之间分别都增长10岁，加在一起就是40岁，如果今年一家四口的年龄加在一起是100岁，那十年之前一家四口的年龄之和就是100与40的差数60，这与题中所说的十年之前全家人年龄和是65岁相矛盾。所以可推算出，十年之前弟弟还没有出生，而65与60的差数5，正是弟弟的年龄。这是解答这道题的关键所在。

列式：

$100 - 4 \times 10 = 60$，弟弟的年龄 $= 65 - 60 = 5$ 岁；

姐姐的年龄 $= 5 + 8 = 13$ 岁；

爸爸、妈妈的年龄和 $= 100 - 13 - 5 = 82$ 岁；

爸爸的年龄 $= 82 \div 2 + 2 \div 2 = 42$ 岁；

妈妈的年龄 $= 42 - 2 = 40$ 岁；

所以，今年爸爸、妈妈、姐姐和弟弟的年龄分别是42、40、13和5岁。

年龄问题

分配问题

甲、乙两个伐木工人，一同在森林中工作。甲带了4个肉饼，乙带了7个肉饼。当他们坐下来准备吃午饭的时候，一个猎人走过来说："真糟糕，弟兄们，我在森林中迷路了，这里离村子还很远，请分点食物给我吃吧。"甲和乙说："请坐，给你，没有什么好吃的，不要见怪。"就这样，11个肉饼三个人平均分着吃了。吃过饭后，猎人在口袋里摸了一阵，摸出一张1元和一张1角的钞票，说："请不要见怪，弟兄们，我没有再多的钱了，请你们自己分吧。"猎人走了，两个伐木工却争执起来。甲说："我认为，这钱应该平分。"乙反对，说："11个肉饼得1元1角，1个肉饼应得1角。你有4个肉饼，应该给你4角，我有7个肉饼，应该得7角。"

生活中，我们会经常遇到这种情况，把某一个东西分给特定的人，有的人认为该这么分配，有的人认为该那么分配。像这种涉及怎么分配才公平的问题，数学中称为分配问题。在解答分配问题时，只要抓住一点即可，即不管怎么分配，总量都是一定的。

例题：用铁皮做罐头，每张铁皮可做盒身25个或盒底40个，一个盒身与2个盒底配成一套罐头盒。现有36张铁皮，用几张做盒底、几张做盒身可以正好配套？

解析：在这个问题中，铁皮的总量是一定的，即36张，还有一个定量关系就是两个盒底配一个盒身，也就是说，盒底的数量是盒身的2倍。抓住这两个点即可。

解答：设用 x 张做盒底，则用（$36 - x$）张做盒身，由题可得：

$2 \times 25 \times (36 - x) = 40x$

$1800 - 50x = 40x$

$90x = 1800$

$x = 20$（张）

$36 - 20 = 16$（张）

答：用20张做盒底，16张做盒身可以正好配套。

差额平分问题

大林和小林是一对孪生兄弟。哥哥大林比较蛮横，总是爱欺负弟弟小林。这一天，邻居送来一碗自家包的野菜馅儿水饺给兄弟俩尝鲜，大林一股脑儿抢去大半碗，小林委屈得直哭。妈妈教育大林要和弟弟平分，不可以多吃多占，并从大林的那份水饺里拿出一些分给了小林，让兄弟俩的饺子数量一样多。像这种把多的分给少的，使两份物品数量相同的问题，就是数学上的差额平分问题。

差额平分问题是已知大小不相等的两部分，通过移多补少，使两部分变得同样多的问题。在分析这类问题时，常用的方法是先求出两部分数量的差（差额），再将其差平均分成两份，取其中一份，使两部分相等。

例题：一班有学生 52 人，调 6 人到二班，这样两个班的学生人数相等。二班原来有学生多少人？

分析：由"调 6 人到二班，两个班的学生人数相等"可知，原来一班比二班多 6×2 ＝ 12（人）。由此求得二班原有人数。

列式：52 － 6×2 ＝ 40（人）

所以，二班原有人数为 40 人。

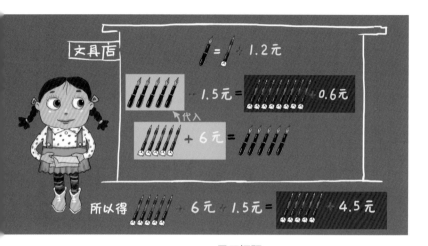

盈亏问题

盈亏问题

盈亏问题是我国古人很久很久以前就归纳出的一类问题。"盈"就是多的意思，"亏"是少的意思。把物体平均分，不能正好分完，多出来的一部分就叫盈，少了的部分就叫亏。盈亏问题早在我国古代数学名著《九章算术》中的第六章里已有记载，书中称这类问题为"盈不足章"。

典型的盈亏问题一般以下列的形式表述：

把若干个东西分给若干个人，若每人分 2 个还多 20 个，若每人分 3 个则少 5 个。问：总共有多少人？

解决盈亏问题可以从以下几个方面考虑：

一盈一亏的解法：（盈数＋亏数）÷两次每人分配数的差。

双盈的解法：（大盈－小盈）÷两次每人分配数的差。

双亏的解法：（大亏－小亏）÷两次每人分配数的差。

例题：钢笔与圆珠笔每支相差 1 元 2 角，小娜带的钱买 5 支钢笔差 1 元 5 角，买 8 支圆珠笔多 6 角。问：小娜带了多少钱？

分析：在盈亏问题中，我们得到的计算公式是指同一对象的，而现在分别是圆珠笔和钢笔两种东西，因此，我们要利用

盈亏问题的公式计算，就必须将它转化成为同一对象——钢笔或者圆珠笔。

小娜带的钱买 5 支钢笔差 1.5 元，我们可以将它转化成买 5 支圆珠笔，因为我们知道钢笔与圆珠笔每支相差 1.2 元，把买 5 支钢笔改买 5 支圆珠笔，就能省下 6 元钱，6 元－1.5 元 ＝ 4.5 元，结果反而多了 4.5 元钱。这样，我们就将原来的问题转化成了小娜带的钱买 5 支圆珠笔多 4.5 元，买 8 支圆珠笔多 0.6 元。问：小娜带了多少钱？

解答：盈亏总数＝大盈－小盈 ＝ 4.5 － 0.6 ＝ 3.9 元，分配数的差 ＝ 8 － 5 ＝ 3，每支圆珠笔价钱 ＝ 3.9÷3 ＝ 1.3 元。买 5 支钢笔差 1.5 元，相当于买 5 支圆珠笔多 4.5 元，每支圆珠笔的价钱 ＝（4.5 － 0.6）÷（8 － 5）＝ 1.3 元。1.3×8 ＋ 0.6 ＝ 11 元。

浓度问题

把一勺盐倒进一瓶水中，盐在水里会慢慢溶化，瓶中的水变成盐水。这时，盐水中盐的质量与盐水的比就是浓度。浓度是化学中常见的一个量，实际生活中也会经常遇到，比如我们生病了，要去医院打点滴，医生拿来的葡萄糖水瓶子上标注 5% 的葡萄糖，这个 5% 就是葡萄糖的浓度。

在解决浓度问题时，只要能理解浓度、溶剂、溶液等概念，并知道三者关系，即"浓度＝溶质质量÷溶液质量×100%"和"溶液＝溶剂质量＋溶质质量"这两个公式和其变换关系，就可以顺利求解了。

浓度问题

例题：瓶中装有浓度为 15% 的酒精溶液 1000 克，现在又分别倒入 100 克和 400 克的 A、B 两种酒精溶液，瓶里的浓度变成了 14%。已知 A 种酒精溶液是 B 种酒精溶液浓度的 2 倍。那么，A 种酒精溶液的浓度是多少？

分析：浓度是指溶质质量占溶液质量的百分比，计算方法为"浓度＝溶质质量 ÷ 溶液质量 ×100%"。只要知道了其中的两个量，就可以求出另一个量。本题中根据倒入前后的不同浓度，分别求出酒精含量，再根据"A 种酒精溶液是 B 种酒精溶液浓度的 2 倍"，我们就可以把这两种溶液看成一种来计算，根据酒精含量和溶液的总质量，就可以求出浓度。

列式：

酒精溶液总重量＝ 1000 ＋ 100 ＋ 400 ＝ 1500（克）；

酒精总含量＝ 1500×14% ＝ 210（克）；

原来 1000 克酒精溶液含量＝ 1000×15% ＝ 150（克）；

A、B 两种溶液酒精含量＝ 210 － 150 ＝ 60（克）。

由于 A 的浓度是 B 的 2 倍，那么，400 克 B 溶液的酒精含量相当于 A 溶液酒精含量的一半：400÷2 ＝ 200（克）；A

溶液的浓度是 60÷（100 ＋ 200）×100% ＝ 20%。所以，A 种酒精溶液的浓度是 20%。

行程问题

周末小娜和大鹏相约一起爬山，他俩约好在山脚下见面。小娜的家离得远，爸爸开着汽车去送小娜。大鹏家离得近，他背个包走过去就可以了。如果约好了见面的时间，小娜和大鹏分别几点从家里出发，两人才能同时到达山脚呢？

上述问题就是行程问题。行程问题是研究人或物体（车、船等）沿着某一路线运动时，相关的时间、速度、距离等关系的问题。

解决行程问题，必须先弄清楚速度、时间、距离、方向及速度和、速度差等概念，并了解它们之间的关系，再根据一定的解题规律来解答。

行程问题在生活中很常见，它一般包括相遇问题、追及问题、过桥问题等。

行程问题

例题：一条环形跑道长 400 米，小倩骑自行车平均每分钟骑 300 米，小哲跑步，平均每分钟跑 250 米，两人同时同地同向出发，经过多少分钟两人相遇？

分析：当小倩、小哲同时同地出发后，距离渐渐拉大再缩小，最终小倩追上了小哲，这时小倩比小哲要多跑 1 圈，即两人的距离差为 400 米，而两人的速度是已知的，所以，用环形跑道长除以速度差就是要求的时间。

列式：

（1）小倩与小哲的速度差：$300 - 250 = 50$（米）

（2）小倩追上小哲所用的时间：$400 \div 50 = 8$（分钟）

所以，两人经过 8 分钟可以相遇。

工程问题

现代社会中，很多事情都需要两个或者两个以上的人合作完成，所以合作是我们必须具备的能力之一。在实际的生产过程中，也会经常遇到多人共同完成某项工程的问题，这就是工程问题之一。工程问题还包括完成某一件事、制造某一件产品等问题。

在工程问题中，要理解其中最重要的一个关键点，就是把工程总量转换成抽象的概念 1。通过工作总量、工作时间和工作效率之间的关系转换，即"工作效率 × 工作时间＝工作总量"来求得问题的答案。

例题：有一堆零件需要加工，为提高效率，师徒俩每人各加工一半。当师傅完成了 $\frac{1}{2}$ 时，徒弟完成了 60 个；当师傅完成了任务时，徒弟只完成了自身任务量的 $\frac{4}{5}$。那么，这批零件共有多少个？

分析：从师傅完成任务时，徒弟只完成了 $\frac{4}{5}$ 可以看出，师傅的工作效率比徒弟高。师傅第一次完成 $\frac{1}{2}$ 时，徒弟完成的是自身任务量的 $\frac{4}{5}$ 的一半，也就是 60 个。从这点出发，就可以算出一半的工作总量了。

列式得出：

$\frac{4}{5} \div 2 = \frac{2}{5}$；

$60 \div \frac{2}{5} = 150$（个）。

由于工作总量的一半是 150 个，而 $150 \times 2 = 300$，所以，这批零件总共有 300 个。

火车过桥问题

火车过桥问题属于行程问题，在解决这类问题时要考虑到桥是静的，火车是动的，从火车头上桥头开始，到火车尾离开桥，才算过了桥。

基本公式：过桥速度 × 过桥时间＝桥长＋车长。

例题：家住在火车道附近的小刚在门口玩耍，当火车到眼前时，他心里默读秒数。车尾离开他时，共用了 2 秒。如果这列火车是按每秒 210 米的速度通过，那么这列火车有多长呢？

分析：根据题中的条件不难看出，火车的长度就是它在 2 秒内走过的距离，根据"路程＝速度 × 时间"的公式，可以得到这列火车的长度是 $210 \times 2 = 420$（米）。

如果小刚家不远处有一座长 12000 米的大桥，这列 420 米长的火车通过桥时共用了 1 分钟，那么这列火车过桥的速度是多少？

在这 1 分钟里，火车从上桥开始到离开桥所走的路程是一个桥长再加一个车长（如图），即 $12000 + 420 = 12420$（米）。

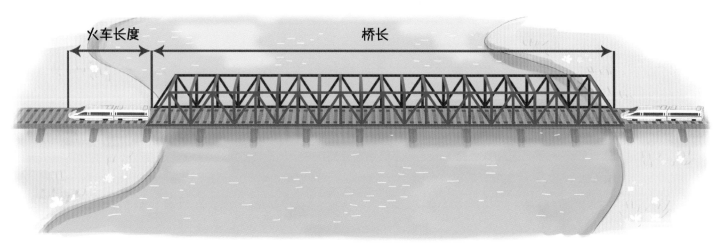

火车长度　　　　桥长

火车过桥问题

根据"速度＝路程÷时间"的公式，可以求出这列火车过桥的速度是 $12420 \div 60 = 207$（米／秒）。

时钟问题

时间是物理中常见的量，也是数学中经常碰到的名词。在数学中，解决时钟里时针、分针和秒针的相遇、重合等问题，叫时钟问题。

我们还可以把时钟问题看成是在一个特殊的封闭轨道上 3 人追及或相遇的问题。时钟问题有别于其他行程问题，因为它的速度和总路程的度量方式是 2 个指针"每分钟走多少角度"或者"每分钟走多少小格"。在时钟里，整个钟面为 360°，上面有 12 个大格，每个大格为 30°；60 个小格，每个小格为 6°。秒针每分钟走 12 个大格，即 360°；分针每分钟走 1 小格，即 6°；时针每分钟走 $\frac{1}{12}$ 小格，即 0.5°。

当然，钟表有时也会坏，指针不按常规走了，这就需要重新思考。

例题：从 4 时到 5 时，钟的时针与分针可成直线的机会有多少次？

分析：两针成一直线，包括两针重合以及成 180° 角两种情形。

4 时整时，时针与分针成 120° 角；5 时整时，时针与分针成 150° 角。从 4 时到 5 时，时针与分针的角度先从 120° 减到 0°（两针重合），再增加到 180°（两针反向成一直线），再减少到 150°。由此可知，时针与分针有两次成一直线。

所以，答案为两次。

球与盒的问题

有这样一个球与盒的问题：有 5 个不同的球和 5 个不同的盒子，如果要求每个盒子里放 1 个球，那么，有多少种不同的放法？这种问题，可以用乘法原理解决。第一个盒子放的球有 5 种选择，当一个球放入第一个盒子中时，第二个盒子放的球只有 4 种选择（去掉了第一个盒子中的球）。同理可得，第三个盒子有 3 种选择，第四个盒子有 2 种选择，第五个盒子只有 1 种选择，则总共有 $5 \times 4 \times 3 \times 2 \times 1$，即 120 种放法。

如果将问题改变成有 5 个不同的球和 5 个不同的盒子，允许一个盒子放多个球，也允许有空着的盒子，那么，有多少种不同的放法？这个问题与前一个问题相比略有变化，但这两道题有着一些内在的联系。同样是计数问题，同样是球放

球与盒的问题

到盒子里，我们可以借鉴前面那道题的思路，用乘法原理来解决。但如果还像前面那道题一样从盒子角度思考是不行的，因为前一个盒子，放入球的个数会影响到后一个盒子放入球的个数。所以，我们要换个角度想问题，可以从球的角度来思考：第一个球，可以放到任意一个盒子中，则第一个球有 5 种放法；第二个球也可以放到任意一个盒子中，所以第二个球也有 5 种放法。同理，第三、第四、第五个球都有 5 种放法，所以一共有 $5 \times 5 \times 5 \times 5 \times 5$，即 3125 种放法。

对于变化的题目，我们可以找到其中不变的规律，还要学会换个角度想问题。

重叠问题

把两张纸放在桌子上，两张纸有可能离得很远，也有可能正好拼接成一大张，还有可能是两张纸部分叠在一起，这就是重叠。生活中，经常会遇到重叠的情况。比如，你们班有个同学，既会弹琴，又会画画，在学校的才艺表演中，报名参加两个项目，这样在计算你们班参加才艺表演的人数时，就不能简单地相加，因为这个同学的报名数"被重复"了。这就是重叠问题。

解答重叠问题时，要用到数学中的一个重要原理——包含与排除原理，即当两个计数部分有重复包含时，为了不重复计

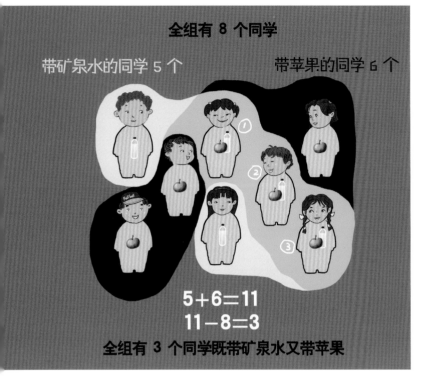

全组有 8 个同学

带矿泉水的同学 5 个　　带苹果的同学 6 个

5 + 6 = 11
11 − 8 = 3

全组有 3 个同学既带矿泉水又带苹果

重叠问题

数，应从它们的和中排除重复部分。有时要画出图形，借助图形进行思考，找出哪些是重复的，重复了几次。

例题：五年级同学共有 92 人，他们要去春游。老师要求每个同学至少要带矿泉水和水果中的一种，后来清点的时候，发现带矿泉水的有 58 人，带水果的有 57 人。那么既带矿泉水又带水果的同学有多少人？

解析：这是一道典型的重叠问题。带矿泉水的人数与带水果的人数加起来超过了总人数，说明相加时，有的同学被重复计算了。重复计算的人数就是既带矿泉水又带水果的同学的人数。

列式：

58 + 57 = 115（人）

115 − 92 = 23（人）

所以，既带矿泉水又带水果的五年级同学有 23 人。

连续数问题

连续是一个相对的说法。每个相邻的自然数之间相差 1，几个或几十个相差 1 的自然数是连续自然数；每个相邻的偶数之间相差 2，若干个相差 2 的偶数是连续偶数；同理，还有相邻数之间相差 3、4、5……的连续整数。所以，只要一组数字，相邻数字之间相差的数相同，就可以说是一组连续数。与连续

数有关的问题，叫连续数问题。

在连续数问题中，总有一个不变的量，那就是相邻数之间的差值。连续数有两个规律：①当这组连续数的个数是偶数时，左右对称两个数的和相等，如 1、2、3、4 中，1 和 4 的和与 2 和 3 的和相等；②当这组连续数的个数是奇数时，左右对称两个数的和相等，而且和是中间数（排列位置在中间的数）的两倍，如 1、2、3、4、5 中，3 是中间数，1 和 5 的和与 2 和 4 的和相等，且是 3 的 2 倍。只要抓住这两个规律，就可以解决连续数的问题。

例题：五个连续整数的和是 35，求这五个数。

分析：连续整数的个数是奇数，必有一个中间数，以中间数为中心，左右对称的两个数的和必是中间数的两倍，所以中间数等于这几个连续整数的平均数。

列式：

五个连续整数的中间数 = 35 ÷ 5 = 7

中间数前面的两个数分别为

7 − 1 = 6，6 − 1 = 5；

后面的两个数分别为

7 + 1 = 8，8 + 1 = 9；

所以，这五个连续整数分别是 5、6、7、8、9。

都举对了，是连续数。

我们也是连续数

转换问题

小明家养了一只小狗，小明想给小狗称重。但小狗太不老实了，每次被放到秤盘上时都会跑掉。有没有什么办法能

转换问题

顺利为小狗称重呢？在生活中，我们常遇到这种直接得不到答案，需要转换一下思路，才能把要的答案求解出来的情况。这种问题，常被称为转换问题。转换问题的解决，常常需要引入一个中间量作为桥梁。因此，给小狗称重的问题，就可以转换为另一个问题——让一个人抱着小狗上秤称重，再减去人的重量，从而得到小狗的重量。

例题：某小学五年级三个班植树，一班植树的棵数占三个班总棵数的 $\frac{1}{5}$，二班植树棵数相当于三班的 $\frac{3}{5}$，二班比三班少植树 40 棵。这三个班各植树多少棵？

分析：二班植树棵数相当于三班的 $\frac{3}{5}$，二班比三班少植树

40 棵，从这句话中，可以引入一个量 1，把三班植树的棵数设定为 1，就可以算出二班和三班的植树棵数。然后再把三个班植树总数设定为 1，从而得出一班植树的棵数。

列式：$1 - \frac{3}{5} = \frac{2}{5}$

所以，三班的植树棵树 $= 40 \div \frac{2}{5} = 100$（棵）；

那么，二班的植树棵树 $= 100 - 40 = 60$（棵）；

得出二班和三班共植树 $= 100 + 60 = 160$（棵）；

所以，三个班总棵树 $= 160 \div (1 - \frac{1}{5}) = 200$（棵）；

得出一班的植树棵树 $= 200 - 160 = 40$（棵）。

答案为一、二、三班分别植树 40 棵、60 棵、100 棵。

密室逃脱

闯关项目：数学故事会

这个世界每天都在发生许多故事。故事里经常暗藏着一些数学问题。能够想办法解决这些问题，你就少了许多烦恼，多了一些成就感。现在就来测一测，你是数学高手吗？

闯关开始！

第1关

狐狸开了一家布店，雇小兔当店员。开业三天，店里共卖出 1026 米布。狐狸来查账，要小兔报出每天各卖了多少米布。小兔没做记录，急得抓耳挠腮。现已知第二天卖出的是第一天的 2 倍，第三天卖出的是第二天的 3 倍。你能帮小兔回答出狐狸的问题吗？

第3关

　　活动课上，黑熊老师要大家做个游戏。它要求每个小动物准备两张小纸条，并在两张小纸条上分别写一个奇数和一个偶数，写好后，两手各握一张，不给别人看。小动物们按要求完成后，黑熊老师请它们进行默算，分别将右手中的数乘2，左手中的数乘3，再把乘积相加。等小动物们一个个都算好了，黑熊老师又叫算出得数是奇数的小动物们排成一队，得数是偶数的排成一队。黑熊老师说，得数是奇数的那排小动物左手握的都是奇数，另一排小动物左手握的都是偶数。小动物们惊奇极了，因为黑熊老师猜得完全正确！你知道这是为什么吗？

闯关答案
见第 240 页

第2关

　　某公司总裁温斯顿的办公大楼在市中心，他每次下班后都是乘同一车次的市郊火车回小镇家中。小镇车站离家还有一段距离，他的私人司机总是在同一时刻从家里开车去小镇车站接他回家。火车与轿车都十分准时，因此它们每次都是在同一时刻到达车站。有一次，司机却比以往迟了半小时出发。温斯顿到站后没看到司机，就急匆匆沿着公路步行往家里走，途中遇到他的司机正驾车飞驰而来，便立即招手示意司机停车，然后坐上车让司机马上掉头往家开，结果比平时到家时间晚了22分钟。

　　你知道温斯顿步行了多长时间吗？

生活与数学

日常生活中的数学

生活中离不开数学。我们一出生，就跟数字有关，因为我们的出生时间一定包含某年某月某日某时。我们每一秒的成长，都会经过岁月的刻度来丈量。我们出生后所经历的事情也都离不开数字，如：一日三餐，一餐食用多少饭菜，摄入多少营养物质，要用数字来表示；一天消耗多少能量，也要用数字来表示。而且，我们每天做多少事情，哪件事情先做，哪件事情后做，更需要用数学思维方法来统筹安排……

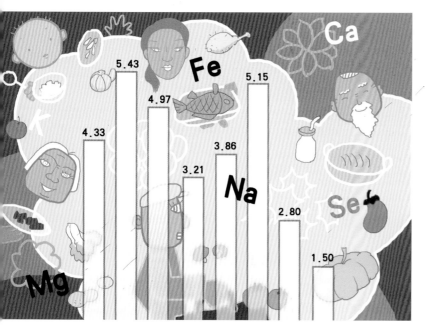

日常生活中的数学

你的生日是星期几

你想知道自己出生的那天是星期几吗？如果一天一天地数，实在是一件困难的事情。不过不用担心，数学家们已经研究出了计算这个问题的公式。你只要知道自己出生的年、月、日，就能知道那一天是星期几了。想知道星期几，首先要计算"那一天的数"。

那一天的数＝

$$(★-1)+(\frac{★-1}{4})-(\frac{★-1}{100})+(\frac{★-1}{400})+◎$$

公式中的"★"代表想知道的年的数字；
公式中的"◎"代表想知道的天的数字。

这个公式看起来复杂，其实只要把数字填进去，计算一下就可以了。

分数部分的计算只要相除，得出整数就可以了。比如，你的生日是 2001 年 10 月 30 日，就在"★"里填入 2001，在

"◎"里填入 303（把从 1 月份到 9 月份的天数相加后，再加上 10 月份的 30 天）。记住：在除法中，只取商的整数部分，小数点后面的余数忽略不计。

从公式中求得那一天的数为

$2000＋500－20＋5＋303＝2788，$

然后用这个数除以 7（一周的天数），得到

$2788÷7＝398……2。$

如果没有余数，就是星期日；余数为 1，就是星期一；余数为 2，就是星期二……以此类推，是不是很有趣？因为计算所得的余数是 2，所以 2001 年 10 月 30 日这一天是星期二。

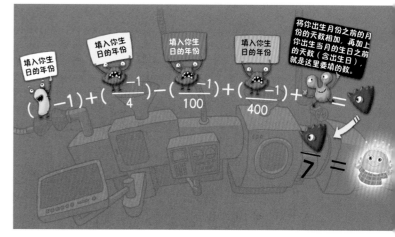

推算你的生日是星期几

推算年份

我国农历年用天干地支来纪年，而十二地支又按顺序配有鼠、牛、虎、兔、龙、蛇、马、羊、猴、鸡、狗、猪 12 种动物，例如，第一年（甲子）如果是鼠年，第二年（乙丑）就是牛年，第三年（丙寅）就是虎年。如果公元 1 年是鸡年，那么公元 2012 年是什么年呢？

一共有 12 种动物，因此，12 为一个循环。为了便于观察，我们把狗、猪、鼠、牛、虎、兔、龙、蛇、马、羊、

猴、鸡看成一个循环，那么公元 1 年的鸡年就是第一个循环前的最后一个鸡年。公元 2～2012 年共有 2011 年，由 $2011 \div 12 = 167 \cdots\cdots 7$ 可以得到，从狗年开始数 7 年，公元 2012 年是龙年。

推算年份

闹钟上的时间

凡凡家的闹钟，1 点钟响铃一下，2 点钟响铃两下，3 点钟响铃三下，8 点钟响铃八下，每半点也响铃一下。有一天凡凡听到闹钟响铃一下，没多久又响铃一下，后来又响铃一下。那最后的一下是几时呢？

根据凡凡听到响铃 3 次，3 次都是响铃一下的情况，说明第一次和第三次都是半点钟，第二次是一个整点钟，响了一下说明是 1 点钟。因此最后的一下响铃的时间应该是 1 点 30 分。

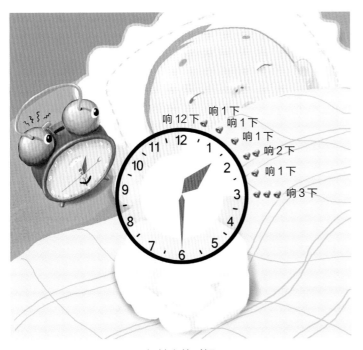

闹钟上的时间

大数学观

大数学观是不把数学当作纯数学来教学、认识和研究的数学，它把数学与生活紧密联系起来，体现了数学从生活中来，又服务于生活的特点。

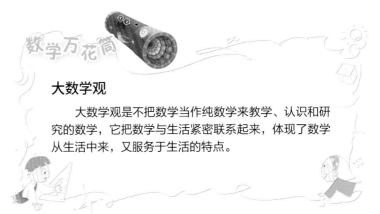

篮球和乒乓球与箍的间隙一样大

捆住球体的绳子

用绳子围着地球的赤道绕一圈，根据赤道的周长得知大约需要 40000 千米的绳子。如果绳子比赤道的周长长 1 米，那么绳子和地球表面之间存在一个距离，这个距离到底有多大呢？让我们来分析分析。

假设在一个乒乓球和一个篮球的"腰"上各打一个箍，这两个箍不大不小，刚好能紧紧地套住这两个球，如果不小心把两个箍都打长了 1 厘米，这两个打长的箍套到这两个球上的时候，它们和球的间隙哪一个大呢？假设篮球周长是 L 厘米，那么箍的长度为 $L+1$ 厘米，箍的半径为 $\frac{L+1}{2\pi}$ 厘米；假设乒乓球的周长是 C 厘米，那么箍的半径为 $\frac{C+1}{2\pi}$ 厘米，箍的半径和球的半径之差就是间隙。所以，篮球的箍与篮球之间的间隙为 $\frac{L+1}{2\pi} - \frac{L}{2\pi}$，计算后，结果是 $\frac{1}{2\pi}$ 厘米；乒乓球的箍与乒乓球之间的间隙为 $\frac{C+1}{2\pi} - \frac{C}{2\pi}$，计算后的结果也是 $\frac{1}{2\pi}$ 厘米。这就说明无论篮球还是乒乓球，虽然球的大小不同，但是当把腰上的绳子加长同样的长度时，球与箍间的间隙是一样大的。所以，绕地球用的绳子与地球表面的距离应该约是 $\frac{1}{2\pi}$ 米，你没有想到吧？

报纸叠起来有多高

第一次　　　　　　　第二次　　　　　第二十次

怎样取走银环

佃农阿斗给地主做工，时间为 11 个月。地主不想给阿斗工钱，就拿出一串银环故意刁难阿斗说："这连着的 11 个银环将作为你 11 个月的工钱，你每月只能取走一个，但只准砸断这串银环其中 2 个环，不许多砸，否则，一个都不给你。"阿斗想了想，便一口答应了。后来，他果然只砸开 2 个环，并且每月都巧妙地取走一个。你知道阿斗是怎样取走银环的吗？原来，阿斗砸断了第 4 个和第 8 个银环。原来的银环就变成了下图中所示的五部分，我们分别用 A、B、C、D、E 来表示。第一次取走 A；第二次取走 B；第三次送回 A 和 B，取走 C；第四次取走 A；第五次取走 B；第六次送回 A 和 B，取走 D；第七次取走 A；第八次取走 B；第九次送回 A 和 B，取走 E；第十次取走 A；第十一次取走 B。这样，阿斗就巧妙地取走了 11 个银环。

其实，还有别的方法也能取走银环，你试一下吧！

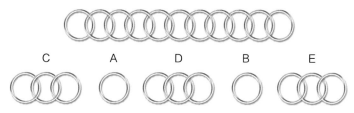

阿斗取走银环的方法图示

报纸叠起来有多高

一张报纸有多厚？我们好像从来也没计算过它。如果我们把一张报纸对折后剪开，叠起来，再对折、剪开，再叠起

来……这样重复下去，第五十次叠起来时，报纸有多高呢？让我们一起看看下面的计算结果。

一叠新买的报纸 32 张，压紧 32 张报纸，再测出它的厚度约为 2 毫米。那么，一张报纸的厚度大约是 $2 \div 32 = 0.0625$ 毫米。

将这张报纸剪开，叠一下，其高度如下：

第一次：$0.0625 \times 2 = 0.125$（毫米）；

第二次：$0.125 \times 2 = 0.25$（毫米）；

第三次：$0.25 \times 2 = 0.5$（毫米）；

……

第二十次：$32768 \times 2 = 65536$（毫米）；

为了便于计算，我们把 65536 毫米转化成米来计算，即 65536 毫米是 65.536 米，保留一位小数是 65.5 米。

如果一层楼房的高度按 4 米计算，那么现在这叠纸的高度大约相当于 16 层楼房那么高。先不要吃惊，让我们继续往下算。

第二十一次：$65.5 \times 2 = 131$（米）；

第二十二次：$131 \times 2 = 262$（米）；

……

第四十次：$34340864 \times 2 = 68681728$（米）；

算到这里，我们再做一次单位转化，把 68681728 米转化成 68681.728 千米，保留 1 位小数是 68681.7 千米。地球的赤道长度约是 40076 千米，这个高度相当于地球赤道长度的 1.7 倍。是不是有点不可思议？我们继续往下算。

第四十一次：$68681.7 \times 2 = 137363.4$（千米）；

第四十二次：$137363.4 \times 2 = 274726.8$（千米）；

……

第五十次：35165030.4×2 = 70330060.8（千米）。

70330060.8 千米大约是 7033 万千米，而地球到月球的距离大约是 38.44 万千米，用 7033÷38.44 ≈ 182.96 倍。也就是说最后得到的高度是地球到月球距离的 180 多倍。当然，一般一张纸是不可能连续对折 50 次的。资料表明，一张足够大的纸最多可以连续对折 13 次，你不妨动手试一试！

猜数"魔术师"

猜数字

任意写一个三位数，减去各位数字之和，再将差中的一个不等于 0 的数圈起来，说出剩下的两个数字，就可以知道圈的是几。这是读心术？不，只要知道了原理，你也可以做到。如写出 568 这个三位数，再用 568 − (5 + 6 + 8) = 549，只要知道百位数是 5，个位数是 9，那么，马上就可以算出圈上的数是 4 啦。原理很简单，因为三位数 abc，可以用 $100a + 10b + c$ 表示；三位数减去各位数字之和就是 $100a + 10b + c − (a + b + c)$，计算后简化为 $9(11a + b)$，所以最后的结果一定是 9 的倍数，于是，剩下的数字和与它最近的 9 的倍数之间的差就是圈起来的数字。如：5 + 9 = 14，与 14 最近的 9 的倍数是 18，18 与 14 差为 4，所以，圈起来的数字是 4。

聪明的阿发

从前，有个地主家的大门坏了，他叫木匠阿发来修门。阿发把门修好后，地主想赖账不付阿发工钱，于是想了一个办法。他叫管家拿来一块木板，对阿发说："如果你能把这块木板锯成两半后，拼成一个正方形，不但给你工钱还给赏钱。"聪明的

把这块木板锯成两半后，拼成一个正方形……

地主给的板

阿发拼的板

阿发的拼法

阿发看了看木板，用卡尺量一量，在上面画了一道黑线，按照黑线用锯子锯下这块木板，便把这块板重新拼成了正方形。地主看了以后不得不发给阿发工钱和赏钱。你看懂阿发的拼法了没有？

树杈中的数学

0.618 这个神奇的黄金分割数，几乎无处不在。在自然界中，兔子繁殖获得的数列是 1，1，2，3，5，8，13，21，34，55，89，144，233，377，610，…它被称为斐波那契数列。你注意到这个数列的一般规律了吗？它的前两个数的和等于后面紧邻的数。更为神奇的是，前后两个数的比值逐渐接近 0.618。树的分杈也遵从斐波那契数列规律。如果人不加以斧砍的话，树分杈的速率会越来越快。

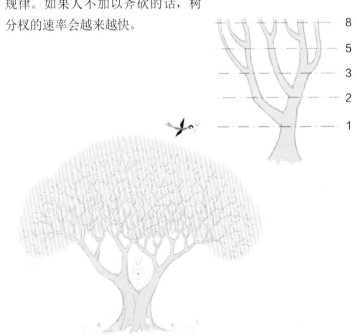

树杈的分杈数量遵从了斐波那契数列规律

交通中的数学

千里之行，始于足下。我们的一串串脚印汇拢、延伸，成了一条条没有尽头的路。这些路，又组成了阡陌纵横、四通八达的交通网络，包含有无数个起点与终点，而我们的每一次出发与到达，都离不开数学。

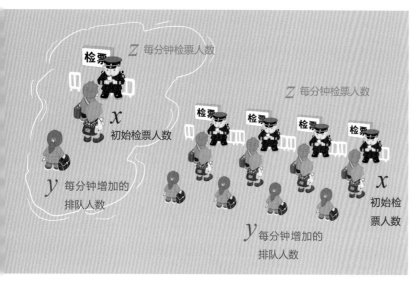

检票窗口的设置

检票口的设置

乘坐火车出行，便利而快捷。由于列车发车定时定点，火车站都设有候车室和检票口。那么，一个站点，去往某个方向的车次，需要设几个检票口呢？这就涉及几个相关的量：检票时间、检票速度和旅客人数。这几个量之间，存在数学关系。比如：在车站候车室检票，排队的旅客按照一定的速度在增加，检票速度一定，当车站开放一个检票口的时候，需用 30 分钟可将待检旅客全部检完；同时开放 2 个检票口，只需 10 分钟便可将旅客全部检完。现有一班增开列车过境载客，必须在 5 分钟内让旅客全部检完，此车站至少要同时开放几个检票口呢？

这里给出的数量关系具有一定的隐蔽性，仔细阅读可以发现涉及的量为：原排队人数，旅客按一定速度增加的人数，每个检票口检票的速度等。设检票开始时等待检票的人数为 x，排队队伍每 5 分钟增加 y 人，每个检票口每分钟检票 z 人，最少同时开 n 个检票口，就可在 5 分钟内让旅客全部进站。则有：开放 1 个检票口，需要 30 分钟检完，则 $x + 6y = 30z$；开放 2 个检票口，需要 10 分钟检完，则 $x + 2y \leq 2 \times 10z$；由上可解得 $x = 15z$，$y = 2.5z$。

开放 n 个检票口，最多需 5 分钟检完，则 $x + y \leq n \times 5z$。

将以上两式代入得 $n \geq 3.5z$，所以 $n = 4$，即需要同时开放 4 个检票口。

驾船着陆的办法

龙龙、朋朋、天天三个好朋友一起乘船出海，一阵大风把他们的船刮翻，三人被困在一个孤岛上。为了返回陆地，他们做了一条小木船。这条小木船最多能载 90 千克的重量，而他们的体重分别是 60 千克、50 千克、40 千克。怎样才能安全地回到陆地呢？他们苦思冥想，终于想出了一个好办法。

由于龙龙、朋朋、天天的体重分别是 60 千克、50 千克、40 千克，而木船最多能载 90 千克，所以他们三个不能同时驾船离开，只能分批驾船回陆地，而船在岛与陆地之间往返必须由人驾驶，所以不能空船回来。龙龙也不能和朋朋同船离开，因为他们的体重加在一起是 110 千克，超过了木船最多能载的重量。同样，龙龙和天天也不能同船。因此，他们可以按下面所说的方法、顺序驾船返回陆地：①朋朋和天天驾船回到陆地，龙龙在岛上等；②朋朋或天天中的一个人独自驾船返回岛上，另一个留在陆地；③龙龙独自驾船返回陆地，朋朋或天天在岛上等；④留在陆地上的天天或朋朋返回岛上；⑤朋朋和天天驾船回到陆地。

这样，三个人便都安全地回到了陆地。

驾船着陆有方法

猎犬的速度是主人的 3 倍，两者都不停地走，路程也是 3 倍呀！

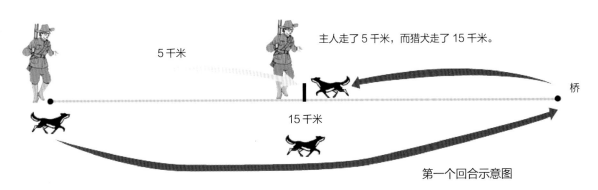

5 千米

主人走了 5 千米，而猎犬走了 15 千米。

桥

15 千米

第一个回合示意图

猎犬要走多少路

我国古代有这样一道题：一位猎人带着他的猎犬要经过一座桥。猎人担心桥断了，就打发猎犬去探路。猎犬见到桥完好就回来告诉主人，主人又打发它再去探，直到主人和猎犬都到达桥为止。在这个过程中，我们假定猎人每小时走 5 千米，走了 1 小时，而猎犬的速度为主人的 3 倍，试求猎犬所走过的路程。

通过画行进图的办法，我们可以求得问题的答案：猎犬的速度是主人的 3 倍，两者都不停地走，路程也是 3 倍！你是怎么计算的？

类似的问题还有：如果每天花掉储蓄罐里的钱的一半，钱能花完吗？

请你当调度员

两座岛屿的中间有一条十分狭长的航道，在这条航道上只能单行一艘船。如果有两艘船相向开来，就要堵在那里，谁也别想过去。为了解决这个问题，人们在一座岛屿边上开了一个很大的洞，修了能停泊一艘轮船的小港口。如果两船迎面相遇，其中一艘船就先开进港口，等另一艘船

驶过去后再继续行驶。一天，这个地方开来了四艘船，这四艘船两两一个方向，我们给它们编成 1、2、3、4 号。如果它们都要沿着原来的方向前进，该怎么办？看起来这是个很难解决的问题，其实只要按下面的方法，就可以使这四艘船都按自己原来的航行方向前进。

（1）1 号船开进港口，3 号、4 号船开过港口；然后 1 号船开出港口，向前开。

（2）3 号船、4 号船退回到原来的地方，2 号船开进港口。

（3）3 号、4 号船再开过港口，向前开去。

（4）2 号船开出港口，向前开去。

依照上述方法，反过来，3 号船先开进港口，1 号、2 号船开过港口……也能使四艘船都沿着原来的方向前进。

四艘船两两相向行驶示意图

科技中的数学

从时间到空间，从人文到地理，从科技到社会，数学的触角触及着我们生活的方方面面：古人拨弄算盘，现代人操纵计算机；古人发明指南针，现代人使用 GPS 导航仪；原始人直立行走，现代人飞向太空……沧海桑田、时空转换、科技发展……这些都跟数学紧密相关。

数码产品

"数码"又称数字，在英文中叫"digital"。由数码组成的系统可以使用不连续的 0 和 1 对信息进行输入、传输、存储等。数码技术的核心内容就是把一系列连续的信息不连续化，即数字化，所以又被称为数字技术。数码代表的信息可以是数字、字母，也可以是声音、图像等。

我们通常所说的"数码产品"一般是含有"数码技术"的产品，如数码学习机、数字电视、智能手机、数码照相机、数码摄像机和多种医用扫描仪等可通过数字和编码进行操作，且可与电脑连接的仪器设备。

智能手表

智能手机

数码相机

数码摄像机

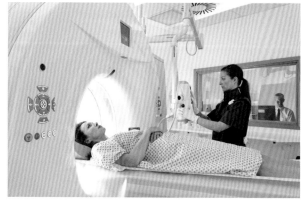

医用扫描仪

中国研制的"天河二号"电子计算机

超级计算机

超级计算机是能够执行一般个人电脑无法处理的海量资料与高速运算的超大型电子计算机。其基本组件与个人电脑的基本组件并无太大差异，但它配有多种外部和外围设备，以及丰富的、高功能的软件系统，具有超强的计算和处理数据的能力，是计算机中功能最强、运算速度最快、存储容量最大的一类计算机。

现有的超级计算机运算速度大都可以达到每秒一千万亿次以上。中国研制的"天河二号"超级电子计算机的运算速度达到了每秒 33.86 千万亿次，比美国的"泰坦"计算机快将近一倍。假设每人每秒钟进行一次计算，那么 13 亿人同时用计算机算上 1000 年，可相当于"天河二号"运算 1 小时。科学家预计，未来人类还将研制出运算速度超过每秒百万万亿次的超级计算机。

超级计算机多用于国家高科技领域和尖端技术研究，是一个国家科研实力的体现，也是国家科技发展水平和综合国力的重要标志，对国家安全、经济和社会发展具有举足轻重的意义。

用于销售服务的机器人 　　用于排爆的机器人 　　　　　　用于工业制造的机器人

机器人能做的事越来越多，越来越精密。

数学万花筒

能干的机器人

　　长期以来，人们一直想制造出能像人一样干活的机器。20世纪40年代，美国制造出世界上第一个机器人。此后，各种机器人不断进入人们的视线，它们在制造业、医学、农业、建筑业、军事等领域均有了用武之地。随着科技的发展与进步，机器人"家族"变得越来越庞大。现在，科学家已制造出能判断人表情的机器人。它能把人的面部表情拍摄下来，发到计算机中进行分析，再与计算机中的资料进行比较识别，进而判断出人的表情是愤怒、悲伤、忧虑、惊奇、快乐或憎恶等，它甚至还能模仿人类的这些表情呢！

　　最"亲民"的机器人是烹饪机器人、速递机器人、扫地机器人等用于生活服务的机器人。烹饪机器人能按事先设定好的程序，严格按做菜的步骤、火候的大小、调味料的分量等来烹饪美味佳肴。此外，工业机器人、水下机器人、医用机器人、地下机器人也各怀绝技，不断为人类带来福音。

　　机器人能胜任多种工作，是因为它的大脑是计算机，机器人的每一个行动都由计算机控制系统支配，而计算机发出的每一个指令都是通过精密的数学计算得来的。

最先使用"机器人"一词的人

　　捷克作家K.恰佩克在戏剧剧本《罗素姆万能机器人》中，最先使用"机器人"一词，原意为"劳役、苦工"。恰佩克在剧中对人类科技进步与工业发达所造成的种种问题作了严肃而又深入的思考，在21世纪的今天仍然具有高度的启迪意义。

系统定位了一个物体后，用x、y、z三个坐标来标定它的精确位置。

　　目前，世界上主要有美国的全球定位系统、俄罗斯的格洛纳斯系统、中国的北斗导航系统、欧洲的伽利略定位系统等。

全球卫星导航系统

　　全球卫星导航系统由人造地球卫星、地面站及接收设备等组成，可以用来测量物体的位置，即时为飞机、船舶、车辆等导航，也可以用于个人出行、电子地图、车辆防盗等。它不受天气的影响，能实现用户在全球范围内全天的、连续的、实时的三维导航定位和测速。其中，三维导航定位就是导航

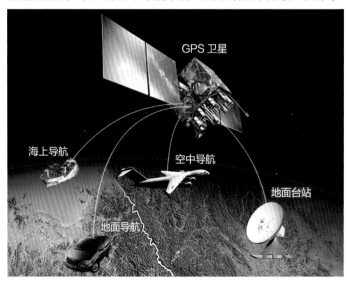

全球卫星导航系统

密室逃脱 逃脱

闯关项目：**生日宴会**

今天是小明 13 岁生日。在生日宴会上，包括小明共有 12 个小孩相聚，大家吹蜡烛、吃蛋糕、做游戏，玩得非常开心。每四个小孩同属一个家庭，共来自 A、B 和 C 这三个不同的家庭。有意思的是，这 12 个小孩的年龄都不相同，最大的 13 岁。换句话说，在 1～13 这 13 个数字中，除了某个数字外，其余的数字都表示其中一个孩子的年龄。

闯关开始！

第 1 关

左图中有 4 根蜡烛，分别插在蛋糕的边缘。小明对着 A 气管通道呼出一口气，可以吹灭哪根蜡烛呢？要想吹灭第 3 根蜡烛，小明需要吹哪根气管呢？

第3关

小明把每个家庭的孩子的年龄加起来，得到三个图中的结果。只有家庭A中有两个只相差一岁的孩子。

请问：小明属于哪个家庭——A，B，还是C？每个家庭中的孩子各是多大？

家庭年龄总数 41

我 12 岁

A

家庭年龄总数 m

我几岁

B

家庭年龄总数 21

我几岁？

C

第2关

将一块生日蛋糕平均分成 12 份，至少需要切几刀？要想将图中的蛋糕直切三刀分为七块，且每块上均有一朵花，你能做到吗？

闯关答案见第 240 页

诗歌中的数学

诗歌充满想象与情感，生动而浪漫；数学严守规则与定理，严谨而精密。它们处于感性与理性的两极，但两者之间又有着千丝万缕的联系：数学问题可以用诗歌形式来表达；诗歌中也可以融入数学概念。这种"水火相容"的妙境，是不是让人拍案称奇呢？

数字的连用

"两人对酌山花开，一杯一杯复一杯。我醉欲眠卿且去，明朝有意抱琴来。"这是李白的《山中与幽人对酌》。诗的首句写"两人对酌"，对酌者是意气相投的"幽人"，于是乎"一杯一杯复一杯"地开怀畅饮了，接连重复三次"一杯"，不但极写饮酒之多，而且写出饮酒的快意，让读者仿佛看到了那痛饮狂歌的情景，听到了"将进酒，杯莫停"的劝酒声，一个随心所欲、恣情纵饮、超凡脱俗的艺术形象呼之欲出。

诗作《山中与幽人对酌》中的数学

一行白鹭

两个黄鹂

诗歌中的数字搭配

数字的搭配

"两个黄鹂鸣翠柳，一行白鹭上青天。窗含西岭千秋雪，门泊东吴万里船。"这是我国唐代著名诗人杜甫的即景小诗《绝句》。诗中表现了优美、和谐的意境。而这种意境的营造，离不开诗中所用的四个数字。"两个"写鸟儿在新绿的柳枝上成双成对地歌唱，传递出愉悦祥和的气息。"一行"则写出白鹭在"青天"的映衬下，自然成行，无比优美的飞翔姿态，由此将我们的目光引向无际的蓝天，拓展了景物空间。"千秋"是说雪景持续时间长久，皑皑白雪覆盖着山岭，洁白寂静。"万

里船"拓宽了空间纵深感，给读者以无穷的遐想。这首诗一句一景，一景一个数字。抽象的数学，就这样以数字嵌入的形式，赋予诗歌以生动的形象和丰富的意蕴。

数字的对比

数字在诗歌中的运用比比皆是，最常用的手法是数字的对比。唐代诗人王之涣的《凉州词》这样写道："黄河远上白云间，一片孤城万仞山。羌笛何须怨杨柳，春风不度玉门关。"

这首词首句抓住诗人自下而上、由近及远眺望黄河的感

用数学对比的方法使戍边将士的思乡之情跃然纸上

受，描绘了西北边塞广漠壮阔的风光。次句用"一片"来修饰孤城，用"万仞"来修饰山，形成强烈对比，凸显出城地的孤危，勾画出西北边塞的萧索悲凉之景。

这种景物描写，既抒发了戍守边塞将士保家卫国的悲壮，又渲染了将士思念家乡亲人的复杂心情，表现出盛唐诗宏阔的视野与深远的意境。

用数字点睛

"万木冻欲折，孤根暖独回。前村深雪里，昨夜一枝开。风递幽香出，禽窥素艳来。明年如应律，先发望春台。"这是唐朝诗僧齐己的五言律诗《早梅》。齐己曾就这首诗求教于诗人郑谷，诗的第二联原为"前村深雪里，昨夜数枝开"。郑谷读后说："'数枝'非'早'也，未若'一枝'佳。"齐己深为佩服，便将"数枝"改为"一枝"，并称郑谷为"一字师"。这虽属传言，但说明"一枝"两字是极为精彩的一笔。

这首诗的立意在于"早"：一场大雪过后，万物被积雪所盖，唯见一枝坚毅的梅花蓓蕾初放。"一"在此表示少，但突出的却是"早"，而"一枝开"使人联想到"昂首怒放花万朵"，

其中蕴含的对梅花顽强生命力的赞颂又自在言外。"一"字妙用，切合了"早梅"的立意，在全诗中起到了画龙点睛的作用。

用"一枝"梅花开为诗歌《早梅》点题，起到了画龙点睛的作用。

音乐中的数学

德国著名哲学家、数学家 G.W. 莱布尼茨曾说："音乐，就它的基础来说，是数学的；就它的出现来说，是直觉的。""音乐是数学在灵魂中无意识的运算。"数学的抽象美和音乐的艺术美，在数字与音阶的曼妙组合中得到了和谐体现。

打铁声启发了毕达哥拉斯的灵感

毕达哥拉斯的发现

古希腊哲学家、数学家、天文学家毕达哥拉斯很重视数学，他试图用数解释一切，还宣称数是宇宙万物的本源。他认为不管是解释外在的客观世界，还是描述内在的精神世界，离开数学，几乎都是不可能的事。

一天，毕达哥拉斯路过一家铁匠铺，听到里面传出的打铁声和谐悦耳，立刻走进铁匠铺一探究竟。铺子里，铁匠正手拿大锤，有条不紊地起劲儿敲打着铁砧上一根烧红的铁杵。毕达哥拉斯仔细比较后发现，有四个铁锤的重量比恰为 12∶9∶8∶6，将它们两两一组进行敲打，都发出了和谐的声音。后来，他又在琴弦上做实验，很快发现了八度、五度和四度音程的关系。比如，八度音程之间的 2 个音，琴弦长度比是 1∶2；五度音程之间的 2 个音，琴弦长度比是 2∶3；四度音程之间的 2 个音，琴弦长度比是 3∶4。毕达哥拉斯在世界上首先发现了音乐和数学的联系。他因此确信，音乐节奏的和谐，是由高低、长短、轻重不同的音调按照一定的数量比例组成的。

琴键与斐波那契数列

我们知道，在钢琴的键盘上，从一个 C 键到下一个 C 键，就是音乐中的一个八度音程，其中共包括 13 个键，有 8 个白键和 5 个黑键。而 5 个黑键分成两组，一组有 2 个黑键，一组有 3 个黑键。2、3、5、8、13 恰好就是著名的斐波那契数列中的前几个数。

音乐中的数学变换

作曲者创作音乐作品的目的在于淋漓尽致地抒发自己内心的情感，这种情感的抒发是通过整个乐曲来表达的，并在主题处得到升华。而音乐的主题有时正是以某种形式的音符反复出现来表达的。这种反复实际上就相当于数学上的平移。观察图1，乐谱上后一个小节的音符相当于前一个小节的音符的一次平移。如果在直角坐标系中表示，就变成了图2的样子。

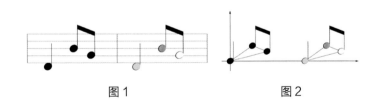

图1　　　　　　图2

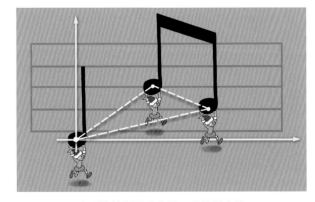

音乐的数学平移也是一种数学变换

乐谱的书写

　　乐谱的书写离不开数学。其中，简谱中的1、2、3、4、5、6、7这7个阿拉伯数字代表音阶中的7个基本音级。它们可以表示音的高低，也可以不同的方式组合在一起，形成无数美妙悦耳的音乐；乐谱上标注的速度，节拍（4/4拍、3/4拍等），音符（全音符、二分音符、四分音符、八分音符、十六分音符等）也与数字有关。不仅如此，简谱中的音阶还是用等比数列排列的呢！

　　你知道吗，最有趣的是，书写乐谱时确定每小节内的某分音符数，与求公分母的过程很相似，即不同长度的音符必须与某一节拍所规定的小节相适应。

　　作曲家创作音乐时，书写的乐谱结构严密，层次分明，高潮迭起，这都不仅归功于作曲家的构思巧妙，更离不开一个个美妙的数字。

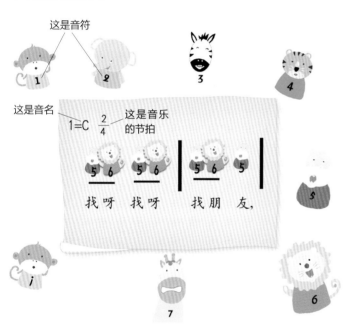

这是音符

这是音名　　这是音乐的节拍

乐谱的书写方法

音乐作品中的黄金比例

　　L. van 贝多芬、W.A. 莫扎特、J.S 巴赫等著名音乐家的作品中都流淌着完美和谐的旋律，这些音乐的音节、乐曲中的大小高潮大多在乐曲进度的5∶8处，而这一比例接近黄金分割比例。贝多芬的《月光》的第一乐章共69小节，再现的部分从第43小节出现，43∶69 ≈ 0.62；第二乐章96小节，主题从第61小节开始再现，61∶96 ≈ 0.63。它们都非常接近黄金分割比例，难怪《月光》成为了不朽的音乐作品。

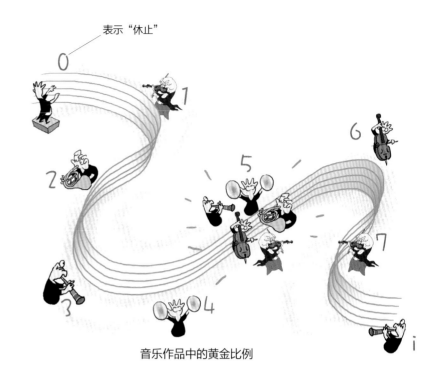

表示"休止"

音乐作品中的黄金比例

"算法音乐"

　　19世纪数学家 J. 傅里叶的工作使乐声性质的研究达到顶点，他证明所有乐声——器乐和声乐都可用数学式来描述。

　　现代作曲家 A. 勋伯格、J. 凯奇等人都对音乐与数学的结合进行了大胆的尝试。

　　后来，希腊作曲家 I. 克赛纳基斯创立了"算法音乐"，以数学方法代替音乐思维，演算过程也就是创作过程，作品名称看起来很像数学公式，如《ST/10,1-080262》，它是为10件乐器而作，1962年2月8日计算完成。

一些音乐作品是用数学方法演算出来的

雕塑中的数学

雕塑是一门造型艺术，被称为"凝固的舞蹈""不朽的石书"。美国雕塑家 H. 费古生曾说："我要从人类原始的数学文化中发掘材料，用我的雕塑把这些数学信息送向遥远的未来。"可以说，雕塑家巧妙地运用了维度、空间、重心、对称、几何对象等数学元素，而这些数学元素也成就了雕塑作品那流畅的线条、和谐的结构与充满想象的造型。

雕塑的重心

物体内各点所受的重力产生合力，这个合力的作用点被称为这个物体的重心。重心也是一个数学概念，如三角形的重心指的是三角形的三条中线的交点。

所有的雕塑作品，都会巧妙地运用"重心"。一般来说，人物雕像与人体占用空间的形式一样，需要表现端庄、稳重的主题时，重心靠近作品中心，也就是人的盆骨中心，如雕塑作品《米洛的阿芙洛狄特》等；需要表现激烈的主题或突出人物的运动趋势时，重心上移到胸腔中心，如雕塑作品《掷铁饼者》等。

雕塑的几何造型

雕塑是具有位置、长度、宽度和深度的立体实物，包含点、线、面等多种几何元素。

有具体事物形象的雕塑是具象雕塑；没有具体事物形象的雕塑作品是抽象雕塑，它要求具有美观的特征，如流线形体；有的雕塑作品有点像某一具体事物，但又有所简化变形，则被称为半抽象雕塑，如被抽象化的人体造型。

各种几何要素在这些雕塑中得到了充分的运用。特别是在一类极简的抽象派艺术雕塑中，艺术家把几何图形要素的运用推向了极致。中国台湾现代雕塑大师李再钤先生的几何雕塑作品就是运用基本矩形和三角形，以重复的手法，给观者以最直接、最强烈的视觉冲击（如图 1、2、3）。

人站立时的重心

神秘的沙漠地画

　　2000 年前，秘鲁纳斯卡文明创造了神秘的沙漠地画。地画由很多线条组成，描绘的是动物，其中有蜂鸟、猴子、秃鹫或蜘蛛。有些画是抽象的几何形状，没有人知道它们代表什么。

图 1　运用矩形造型的雕塑

图 2　重复运用矩形造型的雕塑

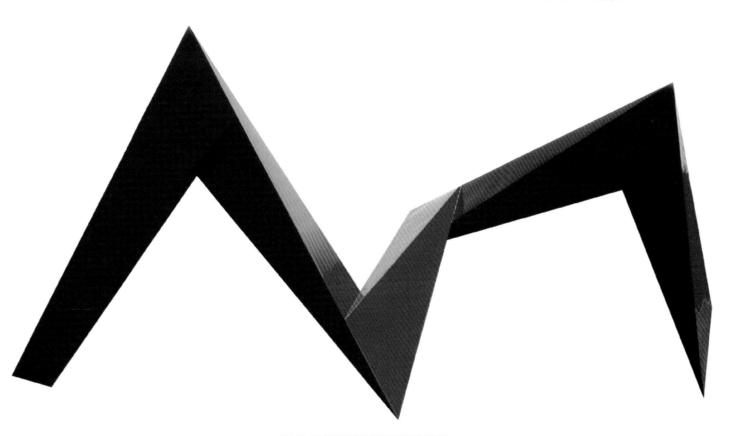

图 3　重复运用三角形造型的雕塑

密室逃脱

闯关项目：猜成语

一马平川、二龙戏珠、三生有幸、四海为家、五彩缤纷、六神无主、七窍生烟、八面威风、九霄云外、十年寒窗、百读不厌、千里迢迢、万象更新……

假如问你上面这些成语有什么特征，你一定会发现，它们有一个共同点：都含有数字。从一到万贯穿下来，显得妙趣横生。

汉语中嵌进数字的成语很多，现在就出几个数字成语题考考你。

闯关开始！

第1关

传说宋国养猴人狙公养了很多猴子。这些猴子能够听懂他的话，他也完全了解猴子的生活习性和语言。由于家道中落，他想限制猴子们的食量，就对猴子们说："以后我每天早上给你们三个桃子，晚上给四个桃子。"猴子们听了不答应。他就改口说："那早上给四个桃子，晚上给三个桃子。"猴子们听了非常满意。请根据这个故事，猜一个含有数字的成语。

第3关

按照例子回答问题，例：两双眼睛能看几行字？
答：40 行。因为"一目十行"。

请你回答：
（1）3 千米的路程，需要几天走完？
（2）100 元钱能买多少头牛？
（3）25 个字值多少钱？
（4）要想射下 18 只鹰，需要多少支箭？

闯关答案
见第 241 页

第2关

请按范例写出下面各个算式。
例如：（七）嘴（八）舌×（一）帆风顺＝（七）上（八）下
算式：78×1＝78。

1.（　）波（　）折＋（　）分（　）裂＝（　）花（　）门；
算式：
2.（　）路出家＋（　）途而废＝（　）事无成；
算式：
3.（　）小无猜－（　）鸣惊人＝（　）视同仁；
算式：
4.（　）霄云外÷（　）更半夜＝（　）思而行。
算式：

建筑与数学

建筑中的几何美

桥有宽窄长短，房有大小高矮……无论什么建筑，都离不开"形"和"数"，它们是依据点、线、面、体等几何要素构成的，并在数学思维的启发下不断发展，为世界创造美的风景。这种美隐藏在数字中，弥漫在公式里，幻化成著名的长城、金字塔、故宫、悉尼歌剧院……建筑与数学，你中有我，我中有你。

三角形美与金字塔

古埃及人信仰神明并产生了根深蒂固的"来世观念"，认为"人生只不过是一个短暂的居留，而死后才是永久的享受"。因此，他们在活着的时候，就潜心潜力地为死后做准备。埃及法老更是花费几年甚至几十年的时间去建造奢华的陵墓，以便自己死后继续安享舒适如意的生活。这些陵墓都被建成四棱锥形，它们形似汉字里的"金"字，所以有"金字塔"之称。金字塔的四棱锥体形式既像拾阶而上的天梯，又表示对太阳神的崇拜。

埃及金字塔独特的外形轮廓、精密的承重设计、神秘的结构等，都与数学紧密相关，如胡夫金字塔就以其形体庞大、设计科学、内部结构复杂而令人惊叹。胡夫金字塔用约230万块石头砌成，每块石头平均重2.5吨，总重量将近600万吨。有学者估算，如果把这些石头凿碎，铺成一条一尺宽的道路，大约可以绕地球一周。此外，其底座周长36560英寸（约929

米），除以100得到365.6，很接近一年的天数；周长如果除以其高度的两倍，得到的商为3.14159，这恰好是圆周率的约值。同时，胡夫金字塔内部的直角三角形厅室，各边之比为3：4：5，正是勾股定理的数值。胡夫金字塔底角不是60°，而是51°51"，每壁三角形的面积等于其高度的平方。另外，穿越胡夫金字塔的子午线，正好把地球上的陆地与海洋分成相等的两半。而由胡夫金字塔的顶点引出一条正北方向的延长线，恰好将尼罗河三角洲对等地分成两半。如果人们可以将那条假想中的线再继续向北延伸到北极，就会看到延长线只偏离北极的极点6.5千米，考虑到北极极点的位置在不断地变动这一实际情况，可以想象，很可能在当年建造胡夫金字塔的时候，那条延长线正好与北极极点重合。胡夫金字塔将数字与建筑完美结合在一起，是古埃及人智慧的结晶。

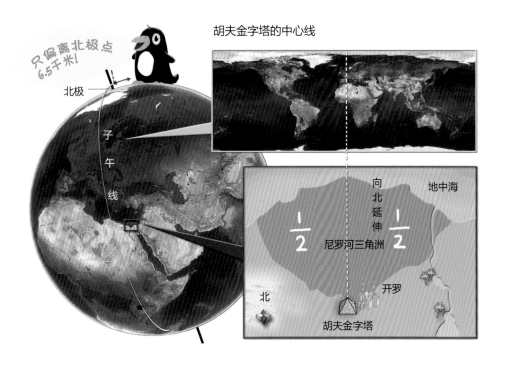

胡夫金字塔的中心线

矩形美与水立方

在北京奥林匹克公园内，有一座创意十足的建筑。乍看上去，它就像一个蓝色的"水盒子"扣在地面上。它的墙面带有无数个不规则的"水泡泡"图案，这是根据细胞排列形式和肥皂泡天然结构设计而成的，像是给"方盒子"穿上了一层富有水的神韵的外衣。而这层"外衣"是由一种轻质新型材料——聚氟乙烯制成的，厚度只相当于一张纸，透明轻灵。

这个看似简单的"水盒子"就是2008年北京奥运会标志性建筑之一——国家游泳中心，它有个形象的名字"水立方"。"水立方"长177米，宽177米，高30米，从

矩形建筑——"水立方"

侧面看去，呈规整的矩形。它以简洁流畅的线形结构，体现出端庄大气的"国际范儿"。夜幕降临时，在灯光的映衬下，那层"水泡泡"外衣流光溢彩，斑斓绚丽，为"水立方"增添了无限魅力。

矩形这个几何元素在"水立方"中的运用，还体现了中国传统文化中所蕴含的"天圆地方"的设计思想。方形是中国古代城市建设最基本的形态。没有规矩不成方圆，按照既定的规矩办事，就可以获得整体的和谐统一，这就是中国传统文化中倡导的社会生活规则。

梯形美与布达拉宫

在我国西藏地区，很多建筑的外观呈上窄下宽的梯形结构。无论是宫殿还是民居，也无论是古老的建筑还是现代的建筑，只要你仔细观察，就能发现其中包含许多梯形元素。

梯形建筑——布达拉宫

如布达拉宫，它的整体外形看起来就是梯形的，它的墙壁、立柱和窗户等的外形也都呈现为梯形，尤其是窗户外的窗套。

圆形美与国家大剧院

在我国首都北京，天安门广场人民大会堂西侧，静卧着一座颇具现代风格的圆形建筑，这就是被称为"蛋壳"的中国国家大剧院。中国国家大剧院由法国建筑师 P. 安德鲁主持设计，占地总面积约 12 万平方米，总建筑面积约 16.5 万平方米。其外部为钢结构壳体，呈半椭球形，由 18000 多块钛金属覆盖，其外围环绕着人工湖。湖水如同一面清澈见底的镜子，波光与倒影交相辉映，共同托起中央巨大的主体建筑。远远看去，国家大剧院像是漂浮在水面上，主体建筑和倒影恰好形成一个椭圆形，就像一颗"湖中明珠"，体现了人、艺术、自然元素三者的和谐共融之美，是传统与现代、浪漫与现实的完美结合。

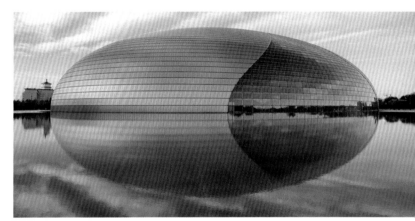

椭圆形建筑——中国国家大剧院

数学万花筒

给建筑起外号

据说，给建筑起外号的爱好，源于英国，英国人至今仍有给建筑起外号的习惯。如"摇摆桥"（千禧桥）等。中国人也喜欢给建筑起外号，如鸟巢（国家体育场）、水立方（国家游泳中心）、"中国尊"（北京中信大厦）等。"中国尊"的底部大，向上渐渐收紧，顶部又逐渐放大，整体外轮廓酷似中国古代的酒器"樽"。它的高度位列北京第一，被称为"九五至尊"，成为北京的新地标建筑之一。

建筑中的比例美、结构美

　　建筑的美，除了美的造型和布局外，长、宽、高间的最佳比例也能带给人无限的美感。建筑是供人居住和活动的场所，承载着实用与美观的双重功能。实用的建筑首先要坚固，所以建筑也被称为"用石头写成的史书"。你知道吗？建筑的这种双重性，与数学密不可分。

建筑中的黄金分割

　　中世纪德国数学家、天文学家 J. 开普勒曾经指出："在几何学中有两件瑰宝，一是毕达哥拉斯定理，另一个是黄金分割率。"如果一条线段被分割为两部分，其中一部分与全长之比等于另一部分与这部分之比，这个比值就是黄金分割数。它是一个无理数，近似值约为 0.618。

　　世界上许多有名的建筑，都蕴含着"黄金分割"。如将古希腊建筑帕提农神庙的正立面轮廓视为一个矩形，它的宽与长的比值约为 0.618，这种矩形被称为黄金矩形，帕提农神庙因而成为现存古代建筑中最具美感的建筑物之一；再如法国埃菲尔铁塔塔身高 300 米，塔身与平台的比例匀称，在距离地面 57 米、115 米和 276 米处，各有一个平台。在 115 米的平台处，比值为（300 － 115）∶300 ≈ 0.617，这个比值与黄金比 0.618 相差甚微。所以，埃菲尔铁塔第二层平台的位置，非常接近于全塔高度的黄金分割点，这也正是塔身张开的四条腿开始收拢的转折点。埃菲尔铁塔因而有"钢铁维纳斯"之美称，法国人甚至给它起了一个"铁娘子"的爱称。

黄金分割点

充满美感的"钢铁维纳斯"

帕提农神庙

长约是宽的 1.6 倍

"鸟巢"立面由许多三角形结构组成

三角形结构与"鸟巢"

中国国家体育场又称"鸟巢",是 2008 年北京奥运会的主场馆,因其外观酷似鸟巢而得名。这是世界上第一座钢结构的大型体育馆。整个建筑通过巨型网状结构联系,看台是一个完整的无遮挡碗状造型,如同一个巨大的容器,但空旷的内部没有一根立柱,这样的"鸟巢"能坚固耐用吗?

如果你仔细看就会发现,"鸟巢"错综复杂的钢结构中包含许多三角形。学过数学的人都知道,三角形具有稳定性,而"鸟巢"的结构就是利用了这个数学原理。

许多超高层建筑的立面或空间跨度大的建筑,如火车站、飞机场航站楼等,都会使用三角形钢架结构。另外,某些需要巨大跨度空间的建筑,还会使用空间网架结构,即空间三角形结构。

拱形结构与赵州桥

"以卵击石"通常比喻自不量力,自取灭亡。可见,蛋壳没有石头硬。但鸡蛋是椭圆形的,拥有天然的拱形结构。拱形结构是常见的曲面,可以缓冲、分散承受的压力,具有坚固、抗弯曲的特性,常被用于建筑物的外形中。采用拱形结构的建筑很多,如我国河北省赵县的赵州桥就是世界上第一座石拱桥,距今已有 1400 多年的历史。在漫长的岁月中,它经受过无数次洪水的冲击、冰霜的侵蚀,以及多地震的考验,一直安然无恙。

世界著名古石桥——赵州桥

闯关项目：走进影院

我们一般所见的电影院的放映厅有四面墙壁，其中一面有播放屏幕，观众席设在屏幕对面，与其余三面墙衔接。而今，环幕电影闯进了我们的生活。它采用柱面投影屏幕，将观众围绕在中心，可以提供 0°～360° 无拼缝的全视角显影。观众被 360° 的画面和多路立体声所包围，无论选择何种视角，均可清晰地观看完整的影像。这些影院，无论是传统的，还是环幕的，都应用了数学原理。

第 1 关

闯关开始！

我们观看的传统电影是二维影像，也称 2D 电影，也就是说，屏幕上的影像是平面的。所谓二维，即左右、上下两个方向，不存在前后。20 世纪中叶，出现了立体电影，也就是 3D 电影，影像有了纵深感。再后来出现了 4D 电影。关于 4D 电影，下面的表述哪个是对的呢？

① 4D 就是四维空间，在三维空间上增添了一个维数。这个额外的维数既可以理解成时间，也可以直接理解为空间的第四维，即第四空间维数。

② 4D 不是几何意义上的四维空间，而是一种表演形式。4D 电影通常是结合剧情，将震动、吹风、喷水、烟雾、气泡、气味、布景和人物表演等效果模拟引入 3D 电影中，加上影院椅子的特殊装备，营造一种与影片内容相一致的环境，充分调动观众的视觉、嗅觉、听觉和触觉，给他们以身临其境、新鲜刺激的观影体验。

闯关答案
见第 241 页

第2关

2D、3D、4D，你知道这个 D 是什么意思吗？

摄影机

环　幕

第3关

在环幕影院里，采用 180°的柱面环幕立体影像——它是指银幕保持在有相同圆心的一段弧度上，而不是一个平面（平幕）上。柱面银幕使立体的物体运动影视范围大为扩展，摆脱了平面视觉的束缚，影视空间和现实空间更为接近。柱面银幕的高宽比例为 4∶3，已知银幕的高为 4 米，那么宽度为多少米？

第4关

放映厅的地板打算采用色彩淡雅的轴对称图案进行美化。建筑装潢设计师提供了下列美术方案。假如你是建筑师，你会选择哪一个呢？

A　　　　B　　　　C　　　　D

$P=0$

军事与数学

战争中的数学

数学与军事密不可分。数学中的几何、方程、概率等，几乎无一例外地在武器的研究制造中发挥着不可忽视的作用，使军事科学不断变革。数学还有可能改变战争的进程。谁正确地运用了数学，谁就可能掌握开启胜利之门的钥匙。

武器中的几何元素

细细的针尖，易于刺进皮肉，造成出血。而在火器发明之前，一些箭镞却是三棱锥的，称为三棱镞，一些枪头也是如此。这些枪头为什么要做成三棱锥而不是针形呢？原来，这里面包含着几何原理。

三棱锥枪尖比针形的有效攻击面积大，能使敌人的战甲或肉体被撕裂开一个与其底面三角形一样大的口子，给敌人以致命的打击；而针形枪尖虽然穿刺性能好，但伤害面较小，给敌人的打击就要相对小一些，敌人很容易趁机逃跑或反击。而且，三角形具有稳定性，所以，三棱锥枪尖比针尖更结实、耐用；针尖穿透性虽然好，但不够耐用，几次穿刺后，便易弯曲。

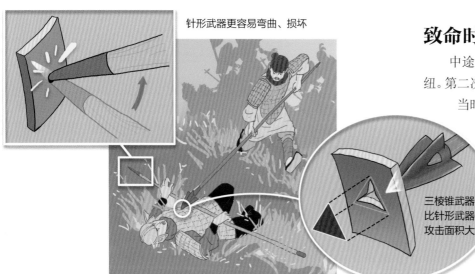

针形武器更容易弯曲、损坏

三棱锥武器比针形武器攻击面积大

两种武器的对比

武器中的数字

用夜视仪、红外线成像设备或无人机等设备侦察目标，用雷达等设备发现并测定目标位置，用电子通信系统传递信息、下达指令，用枪、炮、导弹、甚至威力更大的武器攻击目标，全都离不开数字。例如，枪炮的口径、长短与射击距离、杀伤力，飞机、舰艇的续航里程和载弹量，导弹的速度、高度与精度等都与数字相关。

武器中的数字

致命时刻

中途岛是美国位于太平洋中部的重要军事基地和交通枢纽。第二次世界大战期间，美军和日军在这里展开过一场海战。

当时，日本第一航空舰队想空袭美军停靠在中途岛上的航空母舰。舰队司令南云忠一命令停在甲板上的飞机卸下炸弹换装鱼雷，再让飞机起飞，从空中投放鱼雷，企图以此获得最大打击效果，击沉美军航空母舰。但他没有考虑到，飞机卸下炸弹换装鱼雷，需要大量时间。而美军截获并破译了日军的密电码，很快找出了日军的致命破绽，并迅速抓住战机，以迅雷不及掩耳之势，起飞航空母舰上的飞机，向日方发动猛烈空袭。日军还没来得及把飞机上的炸弹换装成鱼雷，就被一举击溃。

战事往往瞬息万变，必须分秒必争。只有抓住时机，果断应对，才有可能将不利于己方的形式扭转过来。

日军因为对换弹时间估计不足，不仅导致了中途岛海战的失败，还使日本自此在太平洋战场上由战略进攻转入了战略防御，并最终成为第二次世界大战的战败国。

美军轰炸机群向日军
航母发起猛烈攻击

航空炸弹

鱼雷

美军及时打击了正在
卸炸弹换鱼雷的日军

日军卸炸弹换装鱼雷
需要大量时间

美军抓住了关键战机

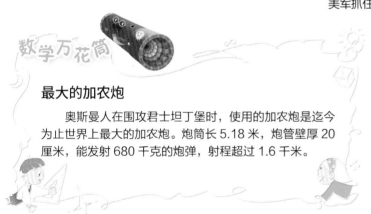

数学万花筒

最大的加农炮

奥斯曼人在围攻君士坦丁堡时，使用的加农炮是迄今
为止世界上最大的加农炮。炮筒长 5.18 米，炮管壁厚 20
厘米，能发射 680 千克的炮弹，射程超过 1.6 千米。

"血胆将军"与浪高测算

这个故事发生在第二次世界大战期间。1942 年 10 月，
美国的 G. S. 巴顿将军率领 4 万多美军，乘 100 艘战舰，直奔
4000 千米以外的摩洛哥，计划在 11 月 8 日凌晨登陆。

11 月 4 日，海面上狂风大作，惊涛骇浪使舰艇倾斜成
42°，而且风浪持续两天不见停息。这使舰艇在海上航行变得
凶险异常。美国总统 F. D. 罗斯福无比担心，电令巴顿的舰队
改在地中海沿海的其他港口登陆，而巴顿却"一意孤行"，
继续按原计划前进。

11 月 7 日午夜，海面突然风平浪静，巴顿军团得以在次
日按计划成功登陆。

人们说这是侥幸取胜。其实，巴顿将军敢"一意孤行"

是有科学依据的。他在部队出发前，和气象学家详细研究了
摩洛哥海域风浪变化的规律和相关参数，预测到 11 月 4 日至
7 日该海域虽有大风，但依据该海域平常的最大浪高波长和舰
艇的比例计算，确定海浪不会造成舰艇翻船，也不会造成人
员伤亡。所以，美军顺利行进，并在敌人无法想象的情况下，
抓住时机突然成功登陆了。

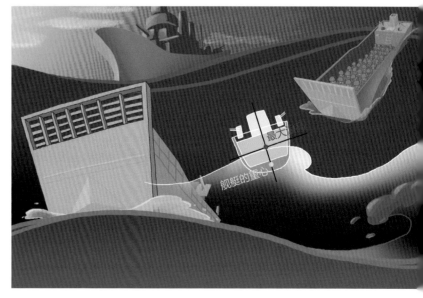

浪高测算示意图

闯关项目：玩转密码

密码是战争中取胜的利器之一。为了在通信过程中不泄密，交战双方都想方设法为己方的情报加密，又绞尽脑汁地破译对手的密码。

密码是一门神秘而有趣的学问。所谓密码，就是把公开用的信息，通过一种手段变换为除通信双方以外，其他人读不懂的信息编码，这种独特的信息编码就是密码。在密码学中，直接可以看到的信息称为明码，加密后的信息称为密码。任何密码只要找到了密钥，就可以破译它。密钥是密码和明码之间的对应替代关系。

加密与解密，都离不开代入、平移、矩阵、函数等数学思维方法。

第 1 关

闯关开始

古罗马曾流行着一种最为古老的对称加密体制密码——凯撒密码。其基本思想是，通过把字母移动一定的位数来实现加密和解密。例如，如果密钥是把明文字母的位数向后移动三位，那么明文字母 B 就变成了密文的 E，依此类推，X 将变成 A，Y 变成 B，Z 变成 C。

由此可见，位数就是凯撒密码加密和解密的密钥。

凯撒密码表

明文字母	a	b	c	d	e	f	g	h	i	j	k	l	m	n	o	p	q	r	s	t	u	v	w	x	y	z
密文字母	D	E	F	G	H	I	J	K	L	M	N	O	P	Q	R	S	T	U	V	W	X	Y	Z	A	B	C

利用上面的"密码表"，我们可以编制出下面的密文：

L ZLOO JR WR QDQMLQJ.

这句话的明文是 _____

第3关

将 11111 这个数设置为密码，自己很容易记住。为了防止被别人发现也过目不忘，可以采用分解质因数的方法对它进行双重加密。这个数可以分解成两个质因数的乘积：11111 ＝ 41×271。把这两个质因数连写成 41271，作为第二层次的密码。如果担心破解密码的人也会想到分解质因数，可以加大分解的难度。把两个质因数取得大些，分解起来就会困难得多。例如，从质数表上可以查到，8861 和 9973 都是质数。把它们相乘，得到 8861×9973 ＝ 88370753。把乘积 88370753 作为第一密码，构成第一道防线；把两个质因数连写，成为 88619973，作为第二密码，这第二道防线就不是一般人能破解的了。

请你用以上这套办法，编出只有自己知道的双重密码。

闯关答案
见第 241 页

第2关

请你用下面给出的凯撒密码表来编制一段密文"我下周五有空"，并传递给不懂英语的人。

明文字母　a b c d e f g h i j k l m n o p q r s t u v w x y z

密文字母　Q W E R T Y U I O P A S D F G H J K L Z X C V B N M

思维模式

有用的思维模式

思维模式很有用，它是思维借以实现的形式，包括判断、推理、证明等。在具体思维中，思维模式和思维内容总是结合在一起的，但又有相对的独立性，所以，思维模式也被抽出来作为逻辑学的研究对象。常用的思维模式有形象思维、抽象思维和灵感思维等。这些思维模式运用于数学领域，可以帮助我们看透事物的本质，解决生产、生活中的多种问题。

生活中的形象思维

形象思维

形象思维是以直观形象和表象为支柱的思维过程。作家塑造一个典型的文学人物形象，画家创作一幅图画，都要在头脑里先构思出这个人物或这幅图画的画面，这种构思的过程是以具体形象为素材的，所以叫形象思维。

形象思维并不仅仅属于艺术家，它也是科学家进行科学发现和创造的一种重要的思维形式。例如，物理学中的形象模型，像电力线、磁力线、汤姆逊或卢瑟福的原子结构模型，都是物理学家抽象思维和形象思维结合的产物。

法国数学家H. 庞加莱说："直觉用于发明，逻辑用于论证。"任何一项发明创造都来源于某种直观形象的启发，发明创造者利用了直观形象和发明创造产物之间的某种相似

数学万花筒

思维导图

思维导图又叫"心智图"，是一种将思维形象化的方法。每一种进入大脑的信息，都可以成为一个思考中心，并由此中心向外发散出成千上万的信息节点。思维导图把各级信息的关系用相互隶属与相关的层级图表现出来，充分运用左右脑的机能，协助人们优化思维、提高效率，是一种能够有效培养创造性思维、激发大脑潜能的思维工具。

性。形象思维就是把难以理解的抽象概念转换成直观的具象。在数学中，可以把题意中的内容转化成具象的事物来理解，如图表、线段等。

例题：5个小朋友初次见面，每两个人握1次手，问一共要握几次手。

这是一个非常抽象的排列组合题，对于这样抽象的题目，你也许根本听不懂，更不会解决。要想理解这样的抽象问题，你必须学会依据题目所给的条件和问题用身边实物模拟演示，以分析条件与条件、条件与问题之间的关系，在此基础上寻求解决问题的方法。这里，我们可以请5位小学生站成一排，排头的学生和其他4位同学分别握手1次，然后回到自己的座位上；依此类推，大家一定能够得出正确的答案：5个小朋友一共握手10次。这种方法可以使抽象的数学问题形象化、数量关系具体化。

将具体问题提炼出来

抽象思维

你能画出自己家附近的地图吗？有几条道路？有几个红绿灯？有哪些建筑？如果你能画出来，说明你有很强的抽象思维能力。

抽象思维就是把具体的事物抽象化，它是与形象思维相对应的一种思维形式，也是一种很有用的思维形式。学数学就离不开抽象思维，在面对复杂的数量关系时，可以运用抽象思维，将问题提炼出来，将其表格化，再用代数形式列出各数量间的关系。例如，某技工学校培训中心有50名合格技工，其中适合甲类工作的有20名，适合乙类工作的有30名，现将这50名技工派往A、B两地工作，两地的月工资情况如下表：

工作地点 \ 工种	甲类工作	乙类工作
A地	1800	1600
B地	1600	1200

尽管在A地工作的技工比在B地工作的技工要少4人，但在A地工作的技工月工资总额却比B地工作的技工月工资总额高1800元，求分别在A、B两地从事不同类工作的人数。

题目中数据多，牵涉到的数学要素也多，各要素之间缠

夹不清，必须找到这些要素之间的有机联系：①在A地工作的技工比在B地工作的技工要少4人；②在A地工作的技工月工资总额比在乙地工作的技工月工资总额高1800元。但用一个怎样的关系式将这些等量关系表示出来呢？这时就可以用到表格法了。先列表找出甲、乙两类工作以及两类工作之和各有哪几个要素，再将这些要素用字母的形式表示出来。还要找出两类工作之和的两个要素，然后列表（见本页下方跨栏表）：

若设派往A地x名技工从事甲类工作，y名技工从事乙类工作，其余全部派往B地，则表格中的其他各项数据均可用含x、y的代数式表示，再利用前面得到的两个等量关系就可以列出方程组：

$$\begin{cases} x+y+4=20-x+30-y \\ 1800x+1600y-1800=1600(20-x)+1200(30-y) \end{cases}$$

解得：

$$\begin{cases} x=9 \\ y=14 \end{cases}$$

工种 \ 工资统计 \ 工作地点	甲类工作			乙类工作			两类工作之和	
	人数	月工资	工资总额	人数	月工资	工资总额	人数	工资总额
A地	x	1800	$1800x$	y	1600	$1600y$	$x+y$	$1800x+1600y$
B地	$20-x$	1600	$1600(20-x)$	$30-y$	1200	$1200(30-y)$	$20-x+30-y$	$1600(20-x)+1200(30-y)$

创造性思维

日本的兵库县有一个丹波村，交通很不方便，村子很穷，没什么特产。为使村子富起来，村子里的人请了很有经验的井坂弘毅先生来当顾问。井坂考察发现，要使这个村子富起来，就得想办法做生意。可是这里有什么东西可卖呢？井坂先生绞尽脑汁，突然灵机一动：现代人厌倦了城市的喧嚣，对"原始"生活都有尝试的兴趣。于是他说服村里人在树上筑屋而居。不久，消息传开了，城里人纷至沓来，丹波村的人果然富了起来。

井坂先生利用了创造性的思维，从意想不到的方向入手，解决了问题。创造性的思维是一种具有开创意义的思维模式，它不会简单地重复前人的思维过程，而是从新、奇、异的角度来思考问题。

例题：有兄弟6人分87个桃子，按照年龄大小，哥哥依次比弟弟多分1个桃子，问大哥分到多少个桃子。

这是一个等差数列问题，也不是小学生容易明白和掌握的。如果让小学生用演示聚会握手的方法来分87个桃子的话，有点复杂。但用创造性思维来分析可知，从大哥到五哥，比最小的弟弟，分别多分5个、4个、3个、2个、1个桃子，共多15个桃子；87个桃子减去15个桃子余72个桃子，由6兄弟平分，每人得12个桃子。答案有了，大哥得到了17个桃子。

对应思维

有一次，清朝乾隆皇帝游览河南少林寺墓塔。大大小小造型精美、形状各异的墓塔，使乾隆皇帝产生了浓厚的兴趣。他问随行的方丈："塔林里有多少墓塔？"方丈回答不出。乾隆笑了，想了想说："我来替你数。"说完，便命令御林军的士兵每人抱住一个塔，等所有的墓塔都有人抱住时，命令抱塔的士兵集体报数。乾隆对方丈说："我的办法好吧？"

乾隆解决问题时运用了对应思维方法。对应思维是在数量关系之间建立一种直接联系的思维方法。比较常见的对应思维是量率对应。量率对应是指一种最基本的数量关系，即一个数的几分之几是多少。其最基本的数量有三个：单位"1"（一个数）、对应分率（几分之几）、对应数量（多少）。如在较复杂的应用题里，间接条件较多，在推导过程中，利用对应思维所求出的数，虽然不一定是题目的最后结果，但往往是解题的关键所在。在分数乘、除法应用题中，对应思维突出地表现在实际数量与分率（或倍数）的对应关系上，所以要形成正确的解题方法，就必须建立清晰、明确的量率对应思维。

例题：书架上有若干本书，借出总数的 $\frac{3}{4}$ 本后，又放上20本，这时，书架上的书是原来总数的 $\frac{1}{3}$，问原来书架上有多少本书。

分析：这是一道"已知一个数几分之几是多少，求这个数

古代印度人用创造性思维方法发明了"0"的表示法

乾隆皇帝运用对应思维方法解决了数塔问题

组合思维

鸡尾酒是一种混合饮品，由基酒（一般是烈性酒），调和料（香料、奶油、果汁等），附加料（冰块、苦精、糖等）组合而成。它的发明者相传是美国南北战争时期的一位酒店女招待，她将多种酒组合在一起，再用鸡尾羽毛搅拌而成。后来，这种调酒方法流行开来。

鸡尾酒的发明就是创造性地运用了组合思维。组合思维是把多项貌似不相关的事物通过想象加以连接，从而使之变成彼此不可分割的新的整体的一种思考方式。组合思维虽简单，却很有效。在数学学习中，我们运用组合思维可以解决某些问题。

例题：已知圆的直径是 6 厘米，计算下图中蓝色部分的面积。

分析：图中蓝色部分的面积难以直接计算，可以运用组合思维，将左下蓝色半圆面积旋转移动到右边的黄色半圆中去，正好重合。这样就组成了一个较大的半圆面积（如下图），即蓝色部分的面积是 $3.14 \times 3^2 \div 2 = 14.13$（平方厘米）。

的分数除法应用题，题中只有"20 本"这唯一具体的"量"，解题的关键是要找这个"量"所对应的"率"。依题意，借出 $\frac{3}{4}$，还剩下 $\left(1 - \frac{3}{4}\right) = \frac{1}{4}$，由于又放上 20 本，书架上的书是原来的 $\frac{1}{3}$，显然"20 本"所对应的分率是 $\frac{1}{3} - \frac{1}{4} = \frac{1}{12}$，量率之间的对应关系找出来了，这就是解答这类题的唯一思考途径。按照对应的思路，即可列式 $20 \div \left[\frac{1}{3} - \left(1 - \frac{3}{4}\right)\right] = 240$（本）。

所以，书架上原有书 240 本。

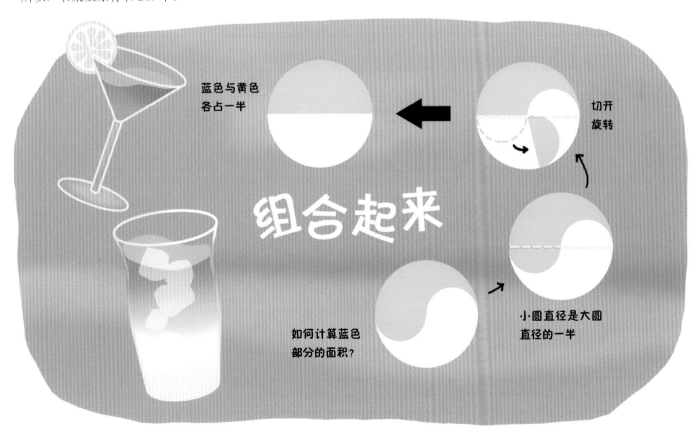

用组合思维巧求图形面积

思维体操

有趣的思维体操

　　你看那辗转腾挪、飞檐走壁的武林高手，招招式式都出神入化、潇洒自如，而在这令人叹服的绝技背后，你知道他们付出了多少努力吗？学数学和练武术一样，只要你肯下功夫，一定能在它高深莫测的表象背后，发掘出一整套实用的"思维体操"，让你的数学能力突飞猛进。

白马是不是马

　　日常生活中，你会听到一些明明毫无道理，却振振有词的话，一下子却难以驳倒。我们把这种话称为怪论。

　　"白马非马"是我国历史上一个有名的怪论。它是2000多年前一个叫公孙龙的人提出的。公孙龙认为，如果白马是马，黑马也是马，马既是黑马又是白马，那么黑马就是白马，黑就是白了。这真是令人啼笑皆非的诡辩呀！

　　公孙龙的诡辩术是什么呢？原来他是在那里偷换概念。白马和马是部分与整体的概念，部分属于整体，整体包括部分，所以不能把部分和整体等同。偷换概念，是善于狡辩的人惯用的伎俩。

公孙龙的诡辩

"尤利卡"

一天，古希腊科学家阿基米德在爬进澡盆时，发现澡盆里的水位升高了。他突然兴奋地跳出澡盆，高呼"尤利卡"，意思是"找到啦！"

原来，阿基米德找到了测定皇冠是否采用纯金制成的方法：把皇冠和相同重量的金块浸没到水中，观察水位的上涨情况，就可以比较皇冠和金块的体积了。

阿基琉斯追乌龟

先有鸡还是先有蛋

"先有鸡还是先有蛋"是一个流传很广的有趣话题。它常常让人们无法回答。因为如果说先有鸡，那么鸡应该是从蛋里孵出来的，这样岂不是先有蛋？如果说先有蛋，那蛋应该是鸡生的，这样不又应该先有鸡吗？

其实，根据生物进化理论，鸟类是由爬行类动物的一支发展而来的，而鸟类中某一分支，又进化成了现代的鸡。鸡的祖先，因为遗传性的改变，产生出了一些蛋，这些蛋孵化成最早的鸡。通过进化，才逐渐出现了现在的鸡。其演变过程如下图：

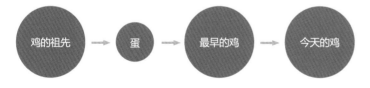

在这个过程中的"蛋"，有没有资格叫"鸡蛋"呢？要是它可以叫鸡蛋，答案就是先有鸡蛋。如果认为最早的鸡蛋不是鸡生的，所以不能算"鸡蛋"，那么答案就是先有鸡，而最早的鸡，是从一种不叫"鸡蛋"的蛋里孵出来的。换句话说，如果规定鸡生的蛋才叫"鸡蛋"，就是先有鸡；如果规定孵出鸡的蛋是"鸡蛋"，那么就是先有鸡蛋。所以，要回答"先有鸡还是先有鸡蛋"的关键是如何给"鸡蛋"定义。

芝诺的诡辩

芝诺是古希腊的哲学家和数学家，他有一个著名的"阿基琉斯永远追不上乌龟"的诡辩。大意是这样的：阿基琉斯是古希腊神话中善跑的英雄，他与乌龟比赛跑，假设乌龟先爬一段路，然后阿基琉斯去追，那么阿基琉斯永远追不上乌龟。芝诺的解释是，因为前者在追上后者之前必须首先达到后者的出发点 A_1，但这时后者已经又向前爬了一段路到达 A_2 点。然后前者追上这段路时，后者又向前爬了一段距离到达 A_3 点，这样阿基琉斯虽然越追越近，但永远追不上乌龟。

当然，这个结论实际上是错误的。因为芝诺把阿基琉斯追赶乌龟的路程任意地分割成无穷多段，并且认为要走完这无穷多段路程，就非要无限长的时间不可。其实，即使按照这种分段方法，追上乌龟的时间也是一个有限的时间。假设阿基琉斯跑第一段到 A_1 点用了 1 小时，跑第二段从 A_1 到 A_2 用了 $\frac{1}{10}$ 小时，跑到第三段从 A_2 到 A_3 用了 $\frac{1}{100}$ 小时，如此下去，阿基琉斯追到乌龟要用 $1 + \frac{1}{10} + \frac{1}{100} + \frac{1}{1000} + \cdots$ 即 $1.111\cdots$ 小时化成分数等于 $1\frac{1}{9}$ 小时，这就是一个有限的时间，阿基琉斯用 $1\frac{1}{9}$ 小时就能追上乌龟。

奇怪的是，芝诺的诡辩在逻辑上没有任何毛病，但得到的结论却是错误的。"实践上错，逻辑上对"这一结果正说明了逻辑定理与事实有时会不一致，不能靠单纯的数学推理来解决实际生活中的问题。

柯里亚挖木匣

第二次世界大战期间，德国人打到柯里亚家乡之前，柯里亚全家决定到喀山城去躲避。妈妈把家里的东西放进箱子里，从家门口朝菜园量了30步，埋下了箱子。4岁的柯里亚只量了10步，就埋下了自己的玩具匣子。4年后，德国人被赶走了。妈妈带着柯里亚回到家乡。妈妈从家门口朝菜园走了30步，挖出了她埋的箱子。柯里亚也拿来铲子，从家门口起走了10步，动手挖起来，但他怎么也挖不到当初埋的匣子了。柯里亚丢下铲子，坐在台阶上，用手摸着脑门儿想。突然他笑起来，对妈妈说："我知道是怎么回事啦！木匣是我4年前埋的，那时候我还小，步子也小。我现在8岁啦，步子比那时候大了一倍，所以应该走的不是10步，而是5步。"柯里亚走了5步，又动手挖起来，不多一会儿，他果然找到了木匣子。

这个故事说明，事物永远在变化中，思维一定要跟上事物的变化才行。

麦比乌斯带

常用的纸张都有正反两个面。如果我们剪一张细长的白色纸条，把其中的一面涂上绿色，然后把它的两端粘起来，就得到一个纸环。沿着绿色一面写一句很长的话，直到和第一个字接上为止，打开纸环，发现所写的字都在绿色的一面上。相反，如果是在白色的那面写一圈字，打开后发现所写的字都在白色的这面上。

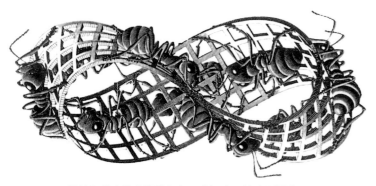

蚂蚁顺着麦比乌斯带爬行，永远也无法走到尽头。

那么有没有可能，不用翻面就能把纸的两面都写满字呢？

让我们一起做个实验：找一张细长的白色纸条，按图示在两面分别涂上颜色，将一端翻转180°后再把两端粘上，这样得到一个纸环。

然后拿出一支红色水彩笔，从绿色的面上找一个起点，

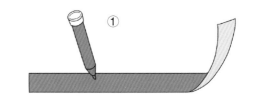

找一条纸带，在两面分别涂上颜色。

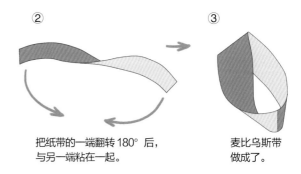

把纸带的一端翻转180°后，与另一端粘在一起。

麦比乌斯带做成了。

制作麦比乌斯带的方法

画一条红色的线，水彩笔不离开纸面，一直画下去，画完把纸环打开后发现，当水彩笔尖回到起点时，已经把绿色和黄色两面都画上了红线。

不用越过边缘只用一笔就能把纸的两面都画上红线，这样的纸环只有一个面和两条边。数学上，把这种没有里外面之分的面叫单侧曲面。

单侧曲面是由德国数学家 A.F. 麦比乌斯首先发现的。为了纪念他，人们把单侧曲面称为麦比乌斯带。

如果我们把刚才做好的麦比乌斯带沿着红线剪开，会不会一分为二呢？实验结果表明，剪开后会得到一个更大的纸环。接着再沿这个大纸环的中间剪开，还会出现两个互相联串的纸环。不信你试试看！

竹禅画观音

竹禅和尚是一位画家。有一年，他云游到北京，被召到宫里去作画。那时候，宫里画家很多，各有所长。为了考察画技，慈禧太后决定为难一下这些画家，就派宦官要求画家们在一张5尺的宣纸上画一幅9尺高的观音菩萨像。画家都不敢应命，竹禅和尚想了想，就磨墨展纸，一挥而就。大家一看，无不叹服，就连慈禧太后看了画，也连连点头。原来，竹禅画的观音和大家画的没有多大差异，只是画中的观音正在弯腰抬净水瓶中的柳枝。这样构图，观音直起腰来时，身高恰好能达到9尺。竹禅是用行动告诉我们，有的时候，要是能让思维转个弯，难题就迎刃而解了。

数学万花筒

数学机械化

　　数学发展的历史过程中，存在两种思想体系，一种是公理化思想，另一种是机械化思想。它们都为数学科学的发展进步作出了巨大贡献。《几何原本》是公理化思想的代表作，《九章算术》是机械化算法体系的传世之作。公理化思想的成果以定理表述，而机械化思想的成果则常总结为算法（术）的形式。

料事如神

　　这是一个扑克牌魔术。魔术师不动牌，而让观众动手。首先，观众要告诉魔术师，用多少张牌进行游戏，然后观众按照魔术师的指挥进行操作（以 52 张牌为例）。把牌任意分成 3 堆，数出每堆的张数，记下来，如 25、13、14。然后把每堆张数的个位和十位相加：

$$2 + 5 = 7$$

$$1 + 3 = 4$$

$$1 + 4 = 5$$

　　再把每堆所得的结果相加，如果是两位数，继续把这个两位数的个位和十位相加，一直加到结果是一位数为止，即

$$7 + 4 + 5 = 16$$

$$1 + 6 = 7$$

　　最后把这三堆牌叠起来，如果最后的结果是 7，就从上面数到第七张，举起来让观众看，然后按原来的顺序叠好（以上各环节魔术师都不许看）。魔术师拿到牌后不看牌，把牌放到身后，不一会儿就拿出了观众们看到的那张牌。真是料事如神啊！这到底是怎么回事呢？其实 52 张牌，无论分成的三堆牌各有多少张，它们各个数位上数字的和最后总是 7。当观众看到这叠牌的第七张时，按原来的顺序叠起来交给魔术师，魔术师只要暗中数到第七张拿出来即可。

　　这个游戏多次重复后，会失去其魅力。为了有效地迷惑观众，魔术师可以不断改变牌的张数，但无论怎么改，都能根据张数被 9 除的余数来判断观众看的牌是第几张。例如：54 张牌的游戏，只要暗自数出第九张即可；53 张牌的游戏，只要暗自数出第八张即可；51 张牌的游戏，只要暗自数出第六张即可……也就是用牌的张数除以 9，余数是几就暗自数出几张。没有余数的就暗自数出第九张。

扑克牌魔术

纸牌游戏图示

惊人的记忆力

用一副 54 张的扑克牌做一种游戏，能在很短的时间内让你记住第八张牌是什么。首先，让别人任意抽取 20 张牌，并保持这 20 张牌的顺序不变，把这 20 张牌叠好扣在桌子上。然后，从剩下的牌中任意抽取 1 张，正面朝上放在桌子上，再在剩下的牌中往这张牌上面倒扣牌，倒扣牌的张数是 13 减去所抽取牌的点数的差。假如抽取的牌点数是 8（与花色无关），就在 8 上面倒扣 5 张牌（8 + 5 = 13）。按照这种方法再重复做两次（如图）。

把剩下的牌叠放在刚才那 20 张牌上面，然后让别人计算正面朝上的 3 张牌的数字和，用这个和数去数那摆扣着的牌，当数到和数时，翻过来就恰好是第八张记过的牌，如翻开的 3

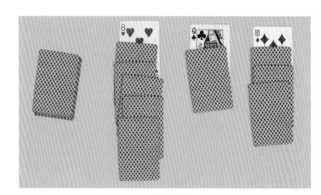

20 张纸牌

张牌是 8、12、10，则其和为 8 + 12 + 10 = 30，那就从所有剩下的牌中数到第三十张牌并翻开，它肯定是之前记过的第八张牌。

这个游戏可以反复做，每次都可以成功，所以表演者给人们一种记忆力惊人的印象。其实这里面包含了一些数学知识，让我们用数学的方法分析一下。

在开始的那 20 张牌里，你已经记住了第八张是什么牌。除了这 20 张牌以外，还剩 34 张牌，以上面抽牌为例，第一组用掉 6 张，第二组用掉 2 张，第三组用掉 4 张，共用去 12 张牌。34 张里面去掉 12 张还剩 22 张牌，把这 22 张牌叠在前面看过的 20 张牌的上面，通过计算 8 + 12 + 10 = 30，那么前 30 张牌中有剩下的 22 张，还有就是刚才看过的 20 张牌中的前 8 张。所以，有些魔术其实是数学问题。

转化

总结我们处理数学问题的经验，就会发现，我们常常把亟待解决的问题转化为一个比较熟悉、相对简单，或者已经解决的问题来解决。这样做的目的是调动和利用已有的知识、经验和已掌握的方法来解决问题。这就是人们常说的"转化"。利用"转化"解决数学问题时，要注意将复杂、抽象、陌生的问题，向简单、具体、熟悉的问题转化，而不是向相反的方向转化。

例题：在自然数 1 ～ 100 中，求不能被 3 整除的所有自然数的和。

直接求比较麻烦，我们可以把它转化为求自然数 1 ～ 100 的和，以及求 1 ～ 100 中能被 3 整除的自然数的和，然后，再用自然数 1 ～ 100 的和减去能被 3 整除的自然数的和，这样问题就可以解决。

"转化"是解决问题的捷径，它可以起到四两拨千斤的作用。用好它，我们可以解决很多数学问题。

图形中的转化

抓不变量

有些数学题因为数量关系较为复杂，在进行求解时会有一定的难度，这时可抓住诸多量中一个不变的量进行分析与解答。

例题：下图中每一本书里都夹着一个三角形，要判断书中所夹的各是什么三角形，需用什么方法呢？

抓不变量

三角形按角来分，可分为钝角三角形（有一个角是钝角）、直角三角形（有一个角是直角）、锐角三角形（三个角都是锐角）。由于三角形内角和是 180°，所以三角形三个内角中，只要有且只能有一个内角是钝角或直角时，就能判断这个三角形是钝角三角形或直角三角形，而锐角三角形必须三个内角都是锐角。三角形按边分，有一般三角形（三条边不等，三个内角也不等）、等腰三角形（有两条边相等或两个内角相等）以及等边三角形（三角形中三条边相等或三个内角都是 60°）。正确判断是什么三角形，主要是根据三角形的基本特征。因此，我们无法判断下图中的三角形 1 是什么类型的三角形，因为我们只看见了其中的一个锐角。

图中三角形 2 是钝角三角形，因为这个三角形露出的一个角是钝角，所以就能判断出它是钝角三角形。

图中三角形 3 是直角三角形，因为这个三角形露出的一个角是直角，所以就能判断出它是直角三角形。

图中三角形 4 是等腰三角形，因为这个三角形露出的两个角都相等，而且不等于 60°，所以能判断出它是等腰三角形。

从简单情况找规律

从简单的情况找规律

有些问题，看上去好像有"规律"可循，可这"规律"经常隐藏在复杂的情况背后，所以遇到这种问题，我们要把复杂的情况抛在一边，先考虑简单的情况。从简单的、熟悉的地方开始，从粗略的估计开始，同时注意极端的情况，如最大、最小等。

例题：把边长为 10 厘米的正方形卡片按图示的方式重叠起来，20 张这样的卡片重叠所组成的图形，周长是多少厘米？

解答：先考虑以下几种简单情况：

（1）将 2 张卡片重叠所组成的图形，周长是多少厘米？

（2）将 3 张卡片重叠所组成的图形，周长是多少厘米？

（3）将 4 张卡片重叠所组成的图形，周长是多少厘米？下面我们列表分析这几种简单情况：

卡片数（张）	1	2	3	4	…
图形的周长（厘米）	40	60	80	100	…

从表中可以发现一个规律：每增加 1 张卡片，图形的周长就增加 20 厘米。20 张重叠，也就是增加了 19 张卡片，所以周长增加了 $20 \times 19 = 380$（厘米）。所以，20 张这样的卡片重叠所组成的图形，周长是 $40 + 20 \times 19 = 420$（厘米）。

把相同知识点用"链子"串起来

知识的学习是螺旋式上升的，高年级的知识是以低年级的知识为基础的，比如"倍数"。

一个整数能被另一个整数整除，这个整数就是另一个整数的倍数。一个数的倍数有无数个。例如，4的倍数有4（1倍）、8（2倍）、12（3倍）等。

4，8，12，…等等！你不觉得这些数字很熟悉吗？好好想想看，你肯定能想起来的，这些可是你拼命背过的数字。

对了，这是乘法口诀里出现过的数字。

"那么乘法口诀里出现的数字就是那个倍数吗？"

非常正确。

你还以为到了高年级，学的知识会很难呢，现在看来也不太难。所以我们说，数学是个接龙游戏。知道乘法口诀的同学就很容易学会倍数了。

开始学习新知识的时候，一定要动脑筋想想，一些你以前学过的知识会浮现在脑海里，新旧知识会像串链子一样联系起来。

三位数运算法，要联想以前学过的一位数、二位数运算法。

学习梯形，要联想以前学过的三角形和长方形。

学习更大的数字"亿"的时候，要联想以前学过的数字"万"。

你在联想的过程中，不知不觉地就会悟出学习的方法。并且，当你发现这个秘密时，你就会觉得身心愉悦。如果你体会到了那种喜悦，那么，你已经成为一个数学高手了。

举一反三

9后面的数字是什么？是10。对了！

那么，19后面是什么？是20。

199后面呢？是200。

3999后面的数字是什么呢？是4000。

那么，4999999999后面的数字又是什么呢？是5000000000。

"这么大的数字你都知道啊，真了不起！"

这个就是接龙游戏，能帮你找到数字的规律。知道了这个规律，我们也可以举一反三了。谁都可以哟，因为数字本来就是接连不断的。

"举一反三"是通过一件事物的现状与特点推知其他一系列事物的状况与特点的一种思维方式。在学习数学的过程中，举一反三的思维占有相当重要的地位。为了获取新的数学知识，需要以已有的数学概念为基础，运用已学的数学知识，灵活地处理新的问题。通过一道题目的解题方法可以推知其他类型题目的解题方法，这样才能避免"题海战术"的盲目性，高效地学习数学。

倒过来想

我们平时解题时习惯于顺向思考，但有时顺向思考受阻时该怎么办呢？这时不妨倒过来想。也就是说，从结果出发，一步步往前推。这种思考方法在解某些题时很有效，这种方法也叫还原法。例如，有一个农民在街上卖鸡蛋，第一个人买了全部鸡蛋的一半还多1个，第二个人买了剩下的一半还多1个，第三个人又买了剩下的一半还多1个，这时农民筐里的鸡蛋正好剩下10个。你猜农民原来有多少个鸡蛋？

上例中，10＋1就是最后剩下的一半，第二次的一半就是22＋1，最初的一半就是46＋1＝47，鸡蛋的原数就是47×2＝94个。在解答这类问题时，可由最后"剩下的数"一步步往前推，直至"还原"成鸡蛋的原数。可见利用还原法倒过来想是解决这类问题的法宝。

用还原法巧解买鸡蛋问题

换个角度找规律

图形题常常在变化中蕴含着不变的量，只要换个角度找出其中的规律，就能很容易地解决问题。有这样几个例子：

（1）小明搬了新家，准备把他的房间安排在阁楼上。妈妈打算给阁楼的楼梯铺上地毯，但是妈妈为要买几米地毯而发愁。这时小明想了一个好办法：先测量地面楼梯所占的长度，再测量楼梯的高度，它们的和就是所需地毯的长度。小明的做法依据是把楼梯的高度向右移，就是宽；每一阶的楼梯的宽度往上移，就是长，所以长与宽的和就是楼梯的总长度（如图1）。

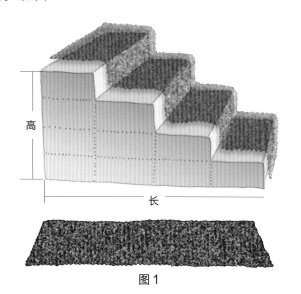

图1

在这里把楼梯的形状改为长方形，虽然形状不同，但是周长相等，周长是个不变的量。

（2）有个古建筑的防盗门，在两个立着的方柱之间有多个方柱连接，但方柱截面的对角线平行或垂直于地面（如图2），你知道这是为什么吗？

（3）一个圆，沿着直径切成若干个相等的扇形，拼成不同的图形，形状改变，面积不变（如图3）。

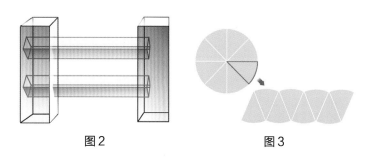

图2　　　　　图3

（4）大圆直径上6个小圆的周长之和与大圆周长哪个长呢？根据条件，大圆的直径等于6个小圆的直径和（如图4），可求得它们的周长一样长。这里只要判断出圆的直径相等，其周长也等于这个定量，就容易解决问题。

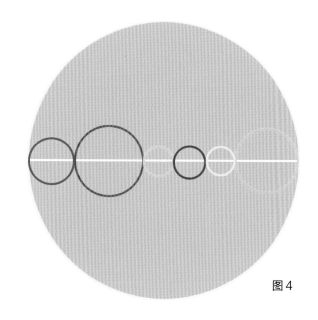

图4

先擦掉一个问题

一个问题就已经让人烦了，有些应用题里竟然还有两个问题，那就先"擦掉"一个！即先集中解决一个问题，把另一个问题放到最后来解。

例题：1箱苹果比1箱橘子贵50元钱。买了2箱苹果和3箱橘子，共花掉了750元。问：1箱苹果和1箱橘子的价格各为多少？

这个题目问了两个问题，即橘子的价格和苹果的价格。遇到这种求两个答案的问题，先解决其中的一个问题。那么，先算1箱苹果的价格，暂时不管1箱橘子的价格。

用算式将问题表示出来：

橘子的价格＝苹果的价格－50元

苹果的价格×2＋橘子的价格×3＝750（元）

算式也有两个，那就把其中的一个暂时"擦掉"，把橘子"擦掉"，让苹果成为主人公。

橘子的价格＝苹果的价格－50，那么在下面的算式里，把橘子用"苹果的价格－50"代入，即苹果的价格×2＋（苹果的价格－50）×3＝750（元）

从上面的算式得出苹果的价格×3－150＋苹果的价格×2＝750（元）。

整理算式后得出苹果的价格×3＋苹果的价格×2＝750＋150＝900（元）。

5箱苹果的价格是900元，那么一箱苹果的价格是900÷5＝180（元）。

因为橘子比苹果便宜50元，而我们已经求出苹果的价格是180元，所以，橘子的价格就是180－50＝130（元）。

你看，让橘子重新"出现"也变成了很简单的事情。

数学让问题变得简单

阳阳家的小院围着一圈篱笆。阳阳想在篱笆周围每隔2米种上一棵树，把小院装饰得漂亮点儿，可他拿起电话订购时，却不知道要订多少树苗。因为他家小院的形状凹凸不平，看起来挺复杂，如下图：

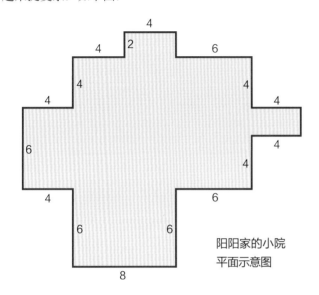

阳阳家的小院
平面示意图

怎样计算这样的小院能种多少树苗呢？是不是围着小院数一数呢？难道没有简便的方法吗？

给你一点提示，看看下面图1和图2的共同点是什么呢？

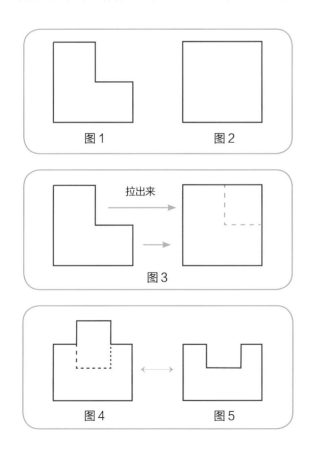

仔细观察一下就会发现，这两个图的形状虽然不同，但周长是一样的。所以，只要按图3所示，把凹进去的部分拉出来就可以了，周长不会发生改变。同理，图4和图5也可以相互转换，周长不变。阳阳的小院看上去凹凸不平，挺复杂的，那就让它简单化，把凹进去的地方拉出来，不就成了一个简单的长方形了吗？它的长度为22，宽度为18，周长应是 $22 \times 2 + 18 \times 2 = 80$（米）。

阳阳想相隔2米种一棵树，所以 $80 \div 2 = 40$（棵）。

答案出来了，阳阳只要订40棵树苗就可以了！看，数学真的让问题变得简单了！

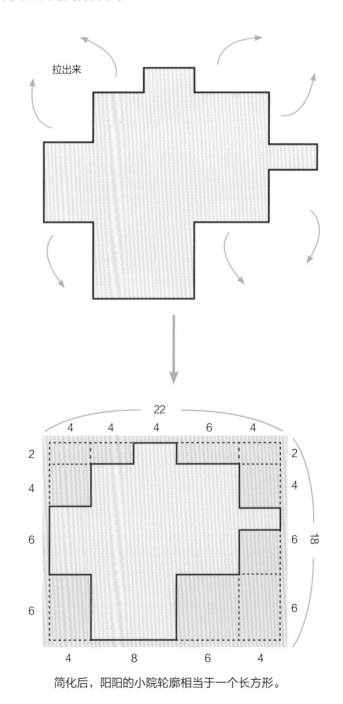

简化后，阳阳的小院轮廓相当于一个长方形。

有料的思维游戏

数学貌似枯燥，但你知道吗？许多有趣好玩的游戏都是由数学问题转化而成的。据说，人人都会玩的"石头、剪刀、布"游戏，就是数学家发明的。和我们一起玩数学游戏吧，你肯定会爱上数学的！

数数游戏的胜出秘诀

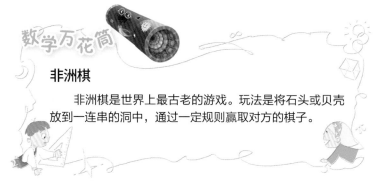

非洲棋

非洲棋是世界上最古老的游戏。玩法是将石头或贝壳放到一连串的洞中，通过一定规则赢取对方的棋子。

对方也知道这一获胜策略，对方就会先报8。你每次就只能报 n（$1 \leq n \leq 8$）个数，对方报（$9-n$）个数，这样对方每次都能占领"控制数"，从而获胜。

因此，这个游戏对于通晓必胜策略的人来说，抢夺报数优先权至关重要。

数数游戏

数数游戏是我国的古老游戏之一。如果甲、乙两人轮流从1开始报数，且报出的数只能是 $1 \sim 8$ 的自然数，同时把所报的数一一累加起来，谁累加的和先达到80，谁就获胜，对此，你有必胜的策略吗？

这类问题你可以这样想：要使总和达到80，该给对方留下多少个数便成为关键。显然，由于每个人报的数最多是8，最少是1，因此对方报完最后一次数总和最大是79，最小是72，从而得知最后一次应该给对方留下9个数。这就体现了对偶策略，即对方报的数和你报的数具有对偶性，具体地说，对方报完后，你还有数可报。给对方留下9个数，也就是说你要先达到80，就必须先达到71。你要想抢占71这个数，可采用上述同样的分析方法，要先达到62。依此类推，你每次报数时应占领"控制数"80、71、62、53、44、35、26、17、8，这样，你的必胜策略就可以按下列步骤实施：

（1）你先报数8。

（2）每次对方报 n（$1 \leq n \leq 8$），你报（$9-n$），这样每次都占领"控制数"，以确保获胜。

如果对方先报，在对方不懂得获胜策略的情况下，你就有机会占领"控制数"，从而确保获胜；如果对方先报数，

划数游戏

现代数学游戏很多，其中有一种叫划数游戏，即将1、2、3、4、5、6、7、8、9、10这十个数由甲、乙两人按下列规则轮流划去：①被划去数的约数作废，不能再划；②没数可划者为负，如甲先划去4，这时 4 以及 4 的约数1、2、4都不能再划去，

划数游戏

此时只剩下 3、5、6、7、8、9、10 这几个数，乙只能从 3、5、6、7、8、9、10 这几个数中划去一个数。请给出获胜策略。

我们可以这样想：要让对方没数可划，自然要形成对偶形式，才能获胜。那么只有先划去数 6，形成对偶分组形式，即（4，5）、（8，10）、（7，9），这时对方划去 3 组数中的任何一个数，我方可以划去对应的另一个数，总有数可划，这样我方必胜。因此必胜策略如下：

（1）先划者有必胜策略。

（2）先划去数 6，心里将剩下的数分组（4，5）、（8，10）、（7，9）。

（3）对方划哪组数中的数，先划者就划组内另一个数，先划者必然获胜。

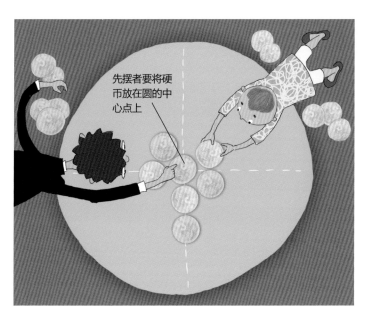

先摆者要将硬币放在圆的中心点上

摆硬币游戏的获胜策略

摆硬币游戏

甲、乙两人在圆桌上玩摆硬币游戏。假设每人手里都有足够多的硬币，两人轮流把一枚硬币摆在桌子上（不允许取回），每人每次只能摆一枚硬币。不允许后摆的硬币压在前面的硬币上，无法再摆硬币的人算作失败一方。如果让甲先摆，你知道获胜的策略是什么吗？

你可以这样考虑：由于圆是中心点对称图形，任何一个点以圆心为对称点，总有一个点与它对称，这就是说，甲方要先将硬币摆在圆心位置上，迫使后摆硬币的乙方与甲方摆的硬币形成对称，即乙方摆一枚硬币，总会给甲方留下一个对称的位置可以摆一枚硬币，按这种方式摆下去，直到乙方没有位置为止，这时，甲方胜出。这就是甲方先摆的获胜策略。这种策略应用的是数学中的对偶原理。

火柴游戏

1777 年，法国数学家 G.-L.L. de 布丰提出了一个有趣的数学实验，他说可以用投掷火柴的方法来算 π 值。计算方法是，在一张白纸上划许多等距离的平行线，线距正好等于火柴杆长。然后拿起许多火柴，一一自由地投落到纸上，看有多少根火柴杆与纸上的平行线相交。设总共投了 m 根火柴，其中有 n 根相交，那么 $\pi = 2m \div n$。

这个等式成立吗？布丰提出，投下的火柴越多，等式就越准确。意大利数学家 M. 拉泽里尼对此进行了实验，他共投下 3408 根火柴，其中有 2169 根相交，根据算式算出 $2 \times 3408 \div 2169 = 3.14246196403$，这与 π 的精确值 3.14159265… 相当接近。这个实验的原理基于近代数学中的概率论。它是一种特别的游戏。

火柴是人们生活中的日用品，所以很多人用它来玩数学游戏。游戏的方式很多，最普通的火柴游戏有组几何图形的，也有组数学四则算式或轮流取火柴斗智等形式的。

组几何图形的游戏中有个椅子颠倒游戏：用 10 根火柴组成一把倒放的椅子，要求移动其中的 2 根火柴使椅子正过来。组算式的游戏很多。如怎样把 4 根火柴组成的 1＋1＝2，移动 1 根火柴后变成等于 10？答案是只要将 1＋1 变成 11－1 即可。

轮流取火柴游戏的玩法是，有一堆火柴共 50 根，二人轮流从中取火柴，每次可以取 1～5 根，看谁先把火柴取尽。这类游戏起源于中国，后来传到国外，被称为"中国二人游戏问题"。

椅子颠倒游戏

意大利数学家 M. 拉泽里尼对投掷火柴理论进行了实验

拼图游戏

按欧拉定理，在一张纸上画 2 个互不相通的五角星图，是不能一笔画出来的。但是，使用折纸技巧，就可以一笔"画"出来。其具体做法是，把纸的一角折起来，使大五角星的一个角点和小五星的一个角点重合起来。很神奇吧？

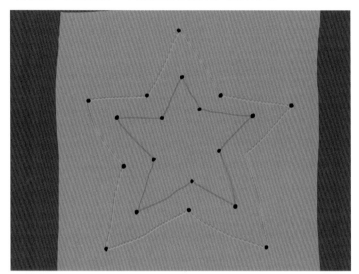

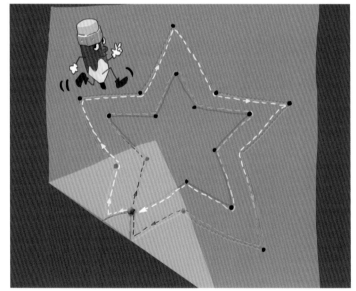

一笔画双星

拼图游戏

16 世纪时，英国一位地理学家为了帮助学生学习地理知识，将一块绘有地图的模板，沿不规则曲线切割成许多小片。他将小片打乱，让学生一一拼回去，还原那幅地图。后来，有人将木板上的地图扩展到其他图案，于是这种模板演变成后来的拼图游戏。

自从走出地图图案的局限后，拼图图案不断出新，成为一种广泛流行的智力游戏。拼图游戏的难度主要取决于图案的一些特征。那些图案内容比较丰富或色彩和轮廓反差较大的拼图玩起来就相对容易一些。有一种"豹子"拼图，由于画面布满斑点，每一个拼片都看似相同，很难拼成功，被拼图界人士称为"世界难题"。

据计算机分析，任何一种图形都可以切割成 4 ~ 4000 片。所以，完成一次拼图游戏，可以帮助你提高智力水平。

折纸游戏

折纸是一种用纸折叠成某一物体造型的手工工艺。在折纸游戏中，包含着许多数学知识。比如，用折纸法可以折出正五边形、正六边形、正七边形等许多特殊的几何图形。这些用三角板和圆规也难以做出的特殊图形，用一些纸条就可以折出。如用一根纸条打一个结，就可以折出正五边形；打 3 个结，则可折出正七边形。而用 2 根纸条各打一个结后相互串接，就可以折出正六边形。

使用折纸技巧还可以解决许多数学难题，如一笔画问题。

绳结游戏

绳结游戏是给绳子打结和解结的游戏或戏法。我国清代杂技家唐再丰在他写的一本戏法书《鹅幻汇编》中，记载了许多绳结戏法，如"仙人开锁""仙人穿梭"和"仙人摆渡"等。这些戏法都跟数学有关。比如，"仙人摆渡"是在一块木板上钻 3 个小孔，然后用一根绳子串上 2 枚铜钱，在 3 个孔上打结，把 2 枚铜钱系在绳结两头。游戏时，要求把 2 枚铜钱串在一起，还不能将绳子剪断。再如，我国民间流行的"解剪刀"游戏，其玩法和"戈尔迪乌姆结"差不多。

这个魔术秘密何在呢？原来，1×9＝9、2×9＝18、3×9＝27、4×9＝36、5×9＝45、6×9＝54、7×9＝63、8×9＝72、9×9＝81，它们的乘积两位数相加都是9。知道了这些，就知道这类魔术其实一点也不神秘。

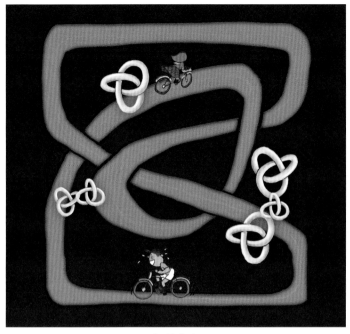

绳结游戏

魔术游戏

戈尔迪乌姆结传说是一个叫戈尔迪乌姆的国王发明的。他用绳子在剪刀上打上结，系到墙上的钉子上。他打的这个结十分结实，一般人很难解开。

绳结游戏的本质其实和九连环相同，而解结过程体现的是几何形状的连续变化。

魔术游戏

美国著名数学科普作家 M. 加德纳，也是数学游戏专家和魔术大师。他写了一本名为《3M》的书，这 3M 是指 Mathematics、Magic、Mystery，即"数学、魔术、奥秘"。书中介绍了许多"玩失踪"的游戏。比如，有一种"矮人拼图"魔术，它由三部分组成，将其中两部分对调之后，矮人竟然由 14 个变成了 15 个。这是怎么回事呢？原来这个魔术利用了几何原理。拼成 14 个矮人时，矮人的身体是完全正常的；而拼成 15 个矮人时，其中有的矮人的身体变矮。再如，"64＝65 拼图"魔术，它将由 8×8＝64 个小方格组成的大正方形，分割成四部分。如果将这四部分改拼成长方形，则变成 13×5＝65 格了。这岂不是成了 64＝65 吗？其实，仔细一看就会明白，原来长方形中的四部分之间有空隙，这个空隙面积正好为 1 格。

用数学变魔术除了运用几何原理外，还可以利用数字的特性。比如，有个简单的猜数魔术：你随便想一个 10 以内的数，再将这个数乘以 9，就可以猜出乘积的各位数字和必为 9。

骗人的转盘游戏

有一种转盘游戏，每个扇形内都标有数字，你只要交上 1 元钱，就可以转一次，当指针指向一个数字时（比如 5），你再在这个数字的基础上逆时针转这个数字的格数（以 5 为起点再逆时针转动 5 个格，由 5＋5 得到 10）。这时所得数字若是偶数，你就可获得一些像糖果一样便宜的奖品；如果是奇数，你就可获得像玩具熊一样稍贵一些的奖品。乍一看，这个转盘的中奖率是 100%，中大奖率是 50%，因此吸引了许多人，尤其是小朋友们。然而奇怪的是，从来没有人中过大奖，这是怎么回事呢？原来，"转盘游戏"利用数学原理骗了人。因为一个奇数或偶数，再加上相同的数字，最后的数字肯定是偶数。所以，花钱玩转盘的人只能得到一些小糖果，没有一个人能在这种转盘游戏中获得大奖。

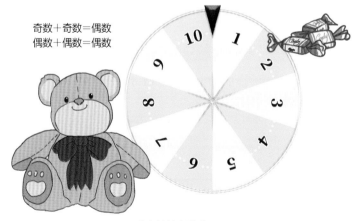

骗人的转盘游戏图示

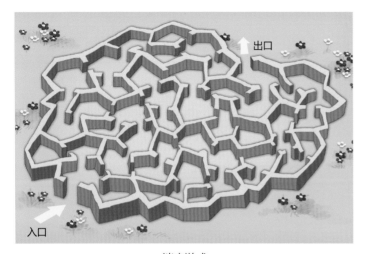

迷宫游戏

迷宫游戏

"迷宫"（labyrinth）这个词是由古希腊语转来的，意为"迷人的宫殿"或"曲径"。最古老的迷宫，传说是古希腊的"米诺斯王宫"。16世纪时，欧洲掀起建迷宫的热潮，著名的有法国沙特尔教堂迷宫和英国汉普顿庭院迷宫等。在北京圆明园，也有一个叫"黄花阵"的"西洋迷宫"。后来，走迷宫成了一个数学分支，又变成了一种智力游戏。走迷宫的方法有多种。第一种方法就是进入迷宫时，沿途留下记号，以便原路返回。这种方法最终倒是可以走到目的地，但有时会走弯路。第二种方法是，从入口处就用一只手紧贴墙面，一直手不离开墙面，直至目的地。不过，如果入口和出口墙面不相连，这一招就不灵了。第三种方法是将迷宫画在纸上，用斜线消去那些三面都有墙的胡同。剩下的路就可以通过了。第四种方法是数学里的"一笔画"方法。"一笔画"方法来自"哥尼斯堡七桥问题"。这个问题早在1736年就由数学家L.欧拉解决了。目前流行的走迷宫游戏，大都可以用这种办法去求解。

数独游戏

数独是近年来十分流行的一种数学游戏，它与我国古代的九宫图非常相似。在西方，数独起源于18世纪初瑞士数学家L.欧拉等人研究的拉丁方阵。19世纪80年代，美国人根据拉丁方阵发明了一种填数趣味游戏。1979年，美国的数学逻辑杂志发表了两则游戏题，当时名为"Number Place"，意为"数学排位"。它其实就是数独题的雏形。作者是一位建筑设计师。后来，一位日本学者将这种游戏引进日本，并将此游戏定名为Sudoku，意为"唯一的数字"，之后被正式译成"数独"。后来，一位在香港任职的新西兰

裔法官将数独游戏发表在《泰晤士报》上。从此，数独在西方流行起来，并风靡世界各地。

数独实际上是一种纸上填数游戏。标准数独又叫九宫阵，由9个九宫格组成一个81格方阵，81个方格的某些格内，预先填有1～9中的某个数。玩者需要在空格内一一填上1～9中的某个数，使1～9每个数字在九宫阵的每行、每列、每宫中只出现一次。

初看，数独的玩法并不复杂。但由于初始条件不同，题目难易程度的差距很大。我们一起做个游戏：请九位同学分别站在九个格子中扮演京剧中的九种角色，每位同学用自己角色中的一个字说出一个成语，要求任意一条对角线上的每个成语中都含有一种动物（答案见第241页）。

京剧脸谱九宫格游戏

24点扑克牌游戏

扑克是一种流传最广的棋牌类游戏。它的玩法很多，其中有一种叫"24点"玩法的扑克游戏，曾在美国举行过中小学生联赛。这种玩法是从我国传入美国的。20世纪80年代，上海人孙士杰到美国定居，将这种玩法传给邻居，再传到学校，后在美国广泛流传。

玩"24点"游戏，要先去掉扑克牌中的各花色J、Q、K牌和两张王牌，A牌代表1，其他牌代表各自牌面上的数字。游戏开始后，4张一组，用牌面上的点数（10及10以下数字）进行加、减、乘、除等数学运算，使结果等于24。运算时，4

24 点扑克牌游戏

者连带吃进。如此反复进行。最后，以参加游戏者手中牌少的一方获胜。如果三人以上玩时，可以推一人做裁判，由裁判发 4 张牌，再由参加游戏的人抢答。先算出 24 点者拍一下桌子，讲出自己的算式，正确者得 1 分，错误者被倒扣 1 分。如果遇上参加游戏的人都算不出的牌组，由裁判收回此组牌，重发 4 张牌进行抢答。最后以得分最高者为胜。

张牌中的每张牌必须用一次且只能用一次，例如 $3\times4 + 2\times6 = 24$、$6 + 6 + 6 + 6 = 24$ 等。

玩"24 点"游戏，可以一人玩，也可以两人、三人或更多人玩。两人玩时，每人平均分 20 张牌，然后各亮出 2 张牌开始抢算。先算出 24 点者，拍一下桌子，然后讲出自己的算式。错误的一方，要吃进桌面上的 4 张牌；双方都算错时，各吃进 2 张牌，或者将 4 张牌搁置一旁，由下一轮未算出或算错

马步棋游戏

在中国象棋和国际象棋中，都有"马（骑士）"这个棋子。与其他棋子相比，"马"的走法很特别：横 2 格、直 1 格或横 1 格、直 2 格。那么，"马"从棋盘上任一格出发，能否不重复地走遍棋盘上所有格子，最后再回到原先出发的格子上呢？这个问题又称"国际象棋马步循环问题"，在数学界早已得到解决，解法有多种。其中一种方法是回溯法，又称为试探法。回溯法按设定的条件进行试探，发现原先选择并不优或达不到目标，就退回一步进行新的尝试，直到将所有路径构造成一个解法的集合。回溯法虽然看上去增加了解决问题的工作量，但它思路清晰，非常适合与计算机算法相结合。

马步棋游戏

有益的数学玩具

数学其实不是"躺"在公式和定理堆儿里的枯燥的科学，它还有特好玩儿的一面呢！古今中外有各式各样的数学玩具帮我们理解数学概念。来数学玩具王国体验一下，你会惊喜地发现：数学真奇妙！

数学积木

积木是常见的木块造型玩具，其造型用的木块形状有很多种，利用这些木块可拼成多种多样的积木造型。经常玩积木玩具，能培养立体造型能力。

数学积木是积木玩具中的一种，其造型用的木块形状一般都是立方体，如长方体、正方体等。

在西方，数学积木被称为"polynominoes"，意为"多方垛木"。用 2 个立方体组合的积木叫"两方垛木"，其组合形式只有 1 种长方体；用 3 个立方体组合的积木叫"三方垛木"，其组合形式有长方体和梯形体 2 种；用 4 个立方体组合的积木叫"四方垛木"，其组合形式有 5 种。用这些垛木可以拼成矩形、梯形、桥形等几何造型。

常见的数学积木为"五方垛木"，又叫"多米诺"或"五方联"。"五方联"由 5 个小立方体组成，而这 5 个小立方体的组合形式有 12 种，用这 12 种积木块可以拼成许多立体几何图形，甚至包括动物造型和器物造型。它们有点像立体的七巧板，不动点脑筋很难拼出来。所以，有人把它戏称为"伤脑筋十二块"。

数学积木的种类有很多，除上述的几种积木外，还有分别由 6、7、8 块积木组成的数学积木。以波兰数学家 H. 斯坦因豪斯命名的立方体积木由 6 块积木组成，其中"四方联"4 块、"五方联"2 块，被研究者称为"最有趣的积木游戏"。索玛积木由 7 块积木组成，其中"四方联"6 块、"三方联"1 块，用它们可以组成 480 多种积木造型。英国剑桥大学推出的尤雷卡立方体积木，由 8 块积木组成，其中有 1 块是缺了角的立方体。

数学积木

玩转七巧板

七巧板

你听说过"唐图"吗?"唐图"是"东方最古老的娱乐工具"。在西方人眼里,它是一张代表中国的名片。人们"在精神疲惫消沉的时刻",能够从中找到"舒适"和"欢愉"的精神寄托。"唐图"到底是什么呢?原来,它就是大名鼎鼎的七巧板。因为它是中国古代人发明的,而唐代是中国历史上最繁盛的时期,所以,西方人用"唐"来代表中国,把七巧板称为"唐图"。

七巧板是一种由7个几何形状的板块组成的拼图玩具,所以得名七巧板。这7个板块包括5个等腰直角三角形(2个小的、1个中等大小的和2个大的)、1个正方形、1个平行四边形,用它们可以拼出几何图形、人物、动物、植物、山川、器物、文字等多种形状。七巧板的分割巧妙地运用了平面几何原理,而它的拼合涉及几何学、组合学、拓扑学、图论和等积变换等多种数学问题。七巧板不仅好玩,还蕴含着丰富的数学智慧,有助于智力开发。古往今来,世界各国人民都很喜爱它。早在1742年,日本人就把它称为"智慧板";1818年,德国人发表了题为《用中国七巧板向青少年通俗地解释欧几里得定理》的论文。日本的数学家甚至向全世界求解一道难题:"用七巧板可以拼出多少个凸多边形?"1942年,我国浙江大学学者破解了这道难题,并在《美国数学月刊》第49期上发表了论文。近年来,七巧板又进入到人工智能领域,和电脑技术挂上了钩!七巧板未来还会受到更多人的喜爱。

九连环

《战国策》中有这样一段故事:秦国使臣去齐国时,带去一个玉连环。他对齐王说:"不是说齐人多智慧吗,那能不能解开这玉连环呢?"结果齐国群臣都解不开。

故事中的玉连环就是九连环的前身。九连环是一种数学益智玩具,它不仅考验人的智力,玩起来也很有趣。九连环由环托和环柄两部分组成。环托上有9个环,环柄是1个长条形环套。玩时要将9个环一一套到环柄上去,也可以把套上去的9个环一一从环柄上取下来。九连环是解连环玩具中的经典玩具,它是经过前人不断摸索,才被定型下来的。在连环玩具中,只有2个环时,走2步就可以解出,太简单;有19个环时,要走2262144步,太烦琐;而有9个环时,走的步数为256步,比较适中。

九连环看着并不复杂,但是要顺利地将环套上和取下也不是件简单的事儿。因为解九连环涉及很高深的数学原理,它可以将高深的拓扑理论形象地演绎出来。九连环的解法,还含有二进制原理。解它的步数和环数的关系可以用数学公式表达,即当环数是 n 时,解出的步数是 $2^{(n-1)}$。所以,解九连环时,既要有一定的诀窍,也要足够细心,因为走错一步就得从头再来。

清代曹雪芹所著的《红楼梦》中,就有关于人们玩九连环的描述;清代民俗画家吴友如的《妙绪环生》画中,也描绘有几位妇女玩九连环时着迷的情形。最有意思的是,九连环在人们的生产、生活中也有很多用处呢!在古代,它被用来做门锁;在近现代,它被用来当成年轻人的定情信物或魔术师的魔术道具。美国贝尔实验室的科学家们甚至还将九连环原理应用到无线电通信中,发明出通信用的电码。

九连环

鲁班锁

下猛将关羽埋伏阻挡，难以逃出去，眼前只有死路一条。但关羽和曹操有一段旧交情，所以放走了曹操，曹操才死里逃生，逃出了华容道。

后来，我国有人根据这段故事做了一套数学玩具，叫"华容道"。

华容道玩具实际上类似一种棋，由棋盘和棋子组成。棋盘呈长方形，下面有一个缺口，棋盘上有 20 个小方格。下面缺口长度占 2 个小方格边长。棋子有 10 枚。其中 1 个大方块，占 4 个小方格面积；5 个长方形块各占 2 个小方格面积。4 个小方块，各占 1 个小方格面积。棋盘象征华容道，缺口代表华容道出口。主要棋子分别用三国故事中的将领命名：大方块为曹操，长方块分别为关羽、赵云、张飞、黄忠和马超。另有 4 个小方块棋子代表 4 个卒。

华容道的布局很多，最典型的布局叫"横刀立马"，它是把"曹操"摆在棋盘上方中央，"赵云"等"五虎将"分别布在"曹操"四周，其中"关羽"横在"曹操"下方。下面布 4 个"卒"。由于棋子总面积只占棋盘的 18 个小方格面积，所以棋盘上有 2 个方格没摆棋子。

玩华容道游戏时，要通过空格平移各个棋子，"曹操"移到下面的缺口位置，就算成功，因为这象征"曹操"可以逃出华容道了。要使"曹操"移到缺口处，"关羽"是关键。"关羽"必须先让出空格来，"曹操"才能成功逃走。所以，这种棋正应了"关羽放曹"的故事。

华容道实际上是一种滑块游戏，涉及图形移位问题，它和数学里的图论和运筹理论有关。玩家们都力求用最少的步数移位成功。经计算机演算，人们认定 81 步是所需步数最少的解法。

鲁班锁

鲁班是伟大的工匠，被中国工匠尊为祖师。传说他为了考验儿子的智力，制作了一把木锁，叫儿子去解锁。后来，人们就把这种木锁称为"鲁班锁"。鲁班锁是一种木结构房屋上的榫卯构件的微缩品，后来演变成了玩具，在我国流行，而且各地有不同的名称，如"孔明锁""别闷棍""难人木""其奈何""六疙瘩""六棱""六子联芳"等。

最典型的鲁班锁是由 6 根木栓组成的。做 6 根中间有缺口的木条，再把它们的缺口拼起来，使其成为一个能锁住的组合体。如果你不掌握木条缺口的分布，就很难拼成或解开。

鲁班锁实际上是一种立体积木，应用的是立体几何原理。美国著名的数学科普作家 M. 加德纳在《科学的美国人》杂志中，详细地剖析了鲁班锁的缺口分割法。由 6 根木条组成的鲁班锁组合方式多达 119963 种。美国人称其为"六根刺的难题"，就是因为它虽然只有 6 根木条，但组合方式很多，即使能解出一种形式的鲁班锁，未必能轻易地解出另一种形式的鲁班锁。现在，又出现了由 6 根以上木条组成的鲁班锁，其拼合和分解就更难了。

华容道

小说《三国演义》中有一段这样的故事：三国时期，曹操南征，刘备和孙权联合起来抗曹。在赤壁，孙刘联军采用火攻，将曹军烧得大败，曹操率军逃到华容道，又被刘备手

华容道

用多米诺骨牌能摆出多种图形

魔方是匈牙利人 E. 鲁比克发明的，所以也被称为鲁比克方块。鲁比克是一位建筑学和设计学教授。为了方便教学，他于 1974 年设计了一种立方体教具。这是一种由 26 个小立方体组成的正六面体，26 个小立方体通过中间的轴，可以自由转动。六面体的 6 个面，各涂上一种颜色。魔方玩法是将 26 个小立方体打乱，再复原。因为还原过程困难而又有趣，后来它就逐渐由教具变成了玩具。这种玩具后来被玩具专家看中，得以在世界玩具之都德国纽伦堡的玩具博览会上亮相，并一举闻名天下。

为什么魔方能令无数人着迷呢？根据数学家们的计算，一个三阶魔方竟能变出 4325 亿亿种花色搭配来。而一个人要将这么多花色都还原成功，是绝不可能的。而且，如果你不掌握数学规律，还原一种花色都很难，因此魔方能吸引人们不断去寻找破解答案的方法。也正因如此，魔方不仅有利于开发智力，而且能培养人的观察力、记忆力、专注力和动手能力。

多米诺骨牌

骨牌是一种用动物骨头制作的牌类玩具，传说早在我国宋朝时就有了。清朝道光年间，有一个叫多米诺的意大利传教士，把中国骨牌带回国，将这种玩具加以改造，就变成了多米诺骨牌。其中有一种改造方案，是将中国骨牌中的点数，改成了阿拉伯数字，同时增加了 7 张牌。中国骨牌的点数共 21 种：（1，1）（地牌）、（1，2）、（1，3）（和牌）、（1，4）、（1，5）、（1，6）、（2，2）、（2，3）、（2，4）、（2，5）、（2，6）、（3，3）、（3，4）、（3，5）、（3，6）、（4，4）（人牌）、（4，5）、（4，6）、（5，5）、（5，6）、（6，6）（天牌）。而改造后的骨牌点数除以上 21 种外，增加了（0，0）、（0，1）、（0，2）、（0，3）、（0，4）、（0，5）、（0，6）7 张牌，总牌数为 28 张。这种改造后的骨牌就是多米诺骨牌。

多米诺骨牌中蕴含着许多数学原理。比如，有的不能组成组合图形，有的可以组成组合图形，而且组合方式可以有多种。但怎么去组合，要用数学方法来分析。有趣的是，多米诺骨牌后来又衍生成一种体育活动，用它竖起来组成图形，再一起推倒，场面极为壮观。

魔方

20 世纪 80 年代，一种叫"魔方"的益智玩具风靡世界。至今，仍有不少人热衷于玩魔方。2003 年，世界魔方协会成立了，中国也是成员国之一。

魔方令人着迷

十五谜

"十五谜"是美国著名智力专家 S. 劳埃德发明的一种智力玩具，棋盘呈正方形，其中有 4 行 4 列共 16 个方格。棋子共 15 枚，大小比方格略小，上面分别编有 1 ~ 15 号。这种玩具十分简单，可以自制，能随时随地玩。

19 世纪 70 年代，它的出现在美国差点掀起一场风波。有一次，劳埃德自己也为其中一种玩法感到困惑，便在报上刊

登消息，声明重赏能破解这种玩法的人。消息登出后，为争得奖赏，许多人争相破解，但都没有成功，还严重影响了日常的生产与生活。最后政府有关部门请数学家出马，才发现劳埃德悬赏的玩法根本行不通。真相公布后，这场风波才得以平息。

劳埃德悬赏的玩法是什么呢？原来，他先将15枚棋子自左至右、自上至下，按顺序一一摆到棋盘的方格中，最后剩下1个空格。其中1～13号棋子都按上述顺序排好，只有14号棋子和15号棋子顺序颠倒。玩法是要求各棋子通过空格来移动，把最后2枚棋子的顺序颠倒过来，使全部棋子自左至右、自上至下顺序都相符。

劳埃德悬赏求"十五谜"的一种玩法

"十五谜"玩具玩法涉及数字排列问题，其中顺序完全符合的叫正常排列，有单数对数字不符合的叫畸形排列。畸形排列的不可能移成正常排列。悬赏的玩法中，恰有一对数是畸形排列的，所以无解。

独粒钻石棋

200多年前，法国巴黎北部的巴士底监狱里关押了一个贵族政治犯。他被关在单身牢房内，十分孤独。为了打发日子，就发明了一种棋。这种棋是能供一个人玩的单人棋。贵族犯每天都玩，并沉迷其中，忘记了牢房里的难熬时光。后来，监狱管理者和其他犯人也迷上了这种棋。1789年，法国爆发了资产阶级大革命，巴士底监狱的囚犯得以解放，单人棋便流传到社会上，被人称为"单身贵族棋"。

"单身贵族棋"的棋盘呈十字形，上面共有33个交点。它的棋子只有32枚。玩时先将32枚棋子摆在棋盘的32个交点上，让中间那个交点空着。玩法是按跳棋的方式，隔一枚棋子来跳动棋子，跳到定位的交点上，将跳过的棋子吃掉。最后，跳到只剩1枚棋子，而且棋子位于棋盘中间位置，即为赢。这时，只有1枚棋子留在棋盘中央，它就像一粒钻石独立于棋盘中心，所以又被称为"独粒钻石棋"。

后来，独粒钻石棋在国际上有了一个评分标准，最优结果是只留1枚棋子且位于棋盘中心，为"天才手"。只留1枚棋子，不位于棋盘中心为"高手"。其他剩下2、3、4、5枚棋子分别为"能手""精明""优秀""优良"。所以，人们一直追求用最少的跳动步数，达到"天才"的目的。1912年有人宣布自己创造了18步的纪录，并宣称步数不能再少了。后来，英国剑桥大学的一位教授用数学理论证明，18步确实是最少的步数。独粒钻石棋、魔方和华容道被世界权威的智力游戏杂志评为"世界三大不可思议的益智玩具"。

在监狱里发明的游戏——独粒钻石棋

梵塔

梵塔又叫"世界末日"游戏，起源于印度。传说在印度贝那勒斯城里，有一座神庙。神庙里安放着一块插着3根宝石针的黄铜板。其中一根宝石针上串放着64个圆形金片。这些金片一片比一片大，最大的放在最下面，然后依次越来越小，叠成宝塔状。

据说庙里的教徒每天都要按规则去移动梵塔上的金片，将64个金片移到另一根宝石针上去，重建一个新梵塔。规则是每一次移动都必须小片压大片。教徒们夜以继日地移动金片，但难以短期完成建新塔的任务。据说，真正完成的一天，将是世界末日到来的一天。后来，人们将这种装置演化成一种玩具，并戏称这是一种"世界末日"游戏。

为什么叫"世界末日"游戏呢？原来，数学家发现，当只有1个金片时，只需移动1次即可建成新塔；而当有2、3、4、5、6个金片时，建新塔所移动的次数分别为3、7、15、31、63次。当有 n 个金片时，移动次数为 $2^n - 1$ 次。由于印度神庙的梵塔共有64个金片，所以，重建新塔必须移动 $2^{64} - 1 = 18446744073709551615$（次）。这个数大得不得了。如果移动1次要花1秒钟的话，那么要移动这么多次，足足要花5845亿年时间。而据天文学家推算，太阳系的寿命还有150亿年。由此可见，若要完成重建梵塔的任务，太阳系早已不存在了，地球当然也早已毁灭。所以，说它是"世界末日"游戏并非耸人听闻。

梵塔作为数学玩具，多采用厚纸片或木片，以及竹针或铁针来制作，而且，其中的圆片也不必用64个，根据以上数学原理分析，用6～8个即可。移动6个用63次、移动8个用255次，这样既不太难，也不很轻松，正好合适。要想成功，必须掌握数学规律。上述所用次数只是最少次数，如果不按数学规律玩，就会走重复路，次数就要多得多了。

"世界末日"游戏

闯关项目：**最巧大脑**

你肯定知道龟兔赛跑的故事，兔子因为轻敌，在赛跑途中睡觉而输给了乌龟。但后来的事，你也许不知道：兔子接受教训，第二次赛跑时，奋力奔跑，可还是输给了乌龟。这是为什么呢？原来，乌龟配备了助飞器，兔子又被高科技打败了！

要想获胜，不仅要有持之以恒的精神，还要学会用脑子！数学思维，就是我们解决实际问题的"助飞器"。下面就来考考你！

闯关开始！

第1关

有一天，夫妻俩带着一个5岁的孩子在城里找房子租住。他们跑了一天好不容易找到一处满意的房子，但房东说房子不租给有孩子的住户。夫妻俩只好带孩子走了。孩子想了想，跑回去敲房东的门，跟房东说了一句话，房东听了之后，立刻把房子租给了他们。猜一猜：孩子说了什么话？

有位老师想辨别他的3个学生谁更聪明，就让他们先看到准备好的3顶白帽子、2顶黑帽子，再叫他们闭上眼睛，给每人戴1顶帽子，藏起剩下的2顶帽子，最后叫他们睁眼看别人的帽子，说出自己所戴帽子的颜色。3个学生踌躇了一会儿，异口同声地说出自己戴的是白帽子。想想看，他们是怎么知道自己戴的帽子的颜色的呢？

不计算，你能说出上侧猴群中向左移动的猴多，还是向右移动的猴多吗？

闯关答案
见第 241 页

数学猜想

　　数学发现的第一步往往来源于猜想，把猜想出的结果作为出发点进行深入研究，经常会有惊人的发现。数学史上出现过许多猜想，如哥德巴赫猜想、叙拉古猜想、黎曼猜想等。无数数学家前仆后继、不畏艰辛地探寻答案，从中发现了一个又一个研究数学的理论和方法，极大地推动了数学的发展。可以说，如果没有数学猜想，可能就没有现在这座雄伟瑰丽的"数学宫殿"。

蜂窝猜想

　　蜂窝是一种十分精密的"建筑"。蜜蜂建巢时，"青壮年"工蜂负责分泌片状新鲜蜂蜡，每片只有针头大小，而其他工蜂则负责将这些蜂蜡仔细摆放成竖直六面柱体。每一面蜂蜡隔墙厚度及误差都非常小。六面墙宽度完全相同，墙之间的角度是120°，截面正好形成了一个完美的六边形。

　　公元4世纪，古希腊数学家佩波斯提出，蜂窝的优美形状，体现了自然界最有效的劳动成果。他猜想，六边形的蜂窝，一定是蜜蜂采用最少量的蜂蜡建造成的，要不然蜜蜂为什么不建成三角形、正方形或其他形状呢？但这一猜想一直没有人能证明。直到1999年，美国数学家R.黑尔证明将平面细分为等面积区域时，正六边形总周长最小，佩波斯的蜂窝猜想才得到了证明。人们终于知道了，蜜蜂是世界上工作效率最高的"建筑师"。你是不是觉得蜜蜂很聪明呢？

六边形的蜂窝

费马猜想

　　大约在1630年，法国数学家P.de费马提出了一个猜想，并在丢番图的《算术》一书的空白处写了下来："设 n 为大于2的整数，则方程 $x^n + y^n = z^n$ 没有 x、y、z 全不为0的整数解。"费马还宣称他已找到对这个猜想的真正妙不可言的证明，但因书边的空白太小未写下。这就是著名的"费马猜想"，也称"费马大定理""费马最后的定理"。

　　许多科学家都试图证明费马猜想，但不是无功而返，就是进展甚微。直到1976年，S.S.瓦格斯塔夫证明了费马猜想对小于105的素数都能成立。1983年，一位年轻的德国数学家G.法尔廷斯证明了不定方程 $x^n + y^n = z^n$ 只能有有限多组解。由于他对这一猜想的突出贡献，

2001年法国发行的费马与费马大定理纪念邮票及其首日邮戳

1986年他获得了数学界的最高奖——菲尔兹奖。1993年，英国数学家A.维尔斯宣布证明了费马猜想，但随后又发现了证明中的一个漏洞。1995年，R.泰勒和A.维尔斯合作填补了这个漏洞。费马猜想终于在300多年后得以被彻底证明。

　　费马猜想的证明涉及近代的好几个数学分支，数学家们在试图证明它的过程中，极大地推动了数学的发展。

四色猜想

　　在世界地图上，用不同的颜色代表不同的国家和地区，就可以一目了然地将它们识别出来。但为避免用色过多而给制图带来困难，习惯上，只要彼此相邻的国家用不同的颜色就可以了。

　　1852年，一位叫F.格思里的英国制图员提出，如果在平面上划出一些邻接的有限区域，就可以用四种颜色来给这些区域染色，使每两个邻接区域染的颜色都不一样，即不管什么样的地图都可以用不多于四种颜色来染色，而且不会有两个邻接的区域颜色相同。格思里想用数学方法证明他的这一猜想，却没做到。这就是著名的四色猜想。

　　百余年来，许多人设法去证明它，都没成功。1976年，K.阿佩尔和W.哈肯宣布，他们用计算机解决了这一问题，但学术界并不认可这种证明方法。2011年，我国学者邓润华用常规

只用四种颜色就能区别相邻国家或地区

数学手段证明了"四色猜想",并对之前的证明予以修正。修正后的数学表达式如下：①任何平面图形都是二维世界，反之亦然（即任何二维世界都是平面）；②任何平面图形组成元素的规律遵循二维世界的规律，反之亦然（即任何二维世界遵循平面规律）。修正后，"四色猜想"不再是绘图问题了，而是二维世界的数学规律，而且这个规律必须适合无穷大和无穷小。

修正后的"四色猜想"成为"四色定理"。

哥德巴赫猜想

1742 年，德国人 C. 哥德巴赫给当时住在俄国彼得堡的大数学家 L. 欧拉写了一封信，在信中提出两个问题：第一，是否每个大于 4 的偶数都能表示为两个奇质数之和，如 $6 = 3 + 3$，$14 = 3 + 11$ 等；第二，是否每个大于 7 的奇数都能表示为 3 个奇质数之和，如 $9 = 3 + 3 + 3$，$15 = 3 + 5 + 7$ 等。这就是著名的哥德巴赫猜想。它是数论中的一个著名问题，被称为"数学皇冠上的明珠"。

实际上，第一个问题的肯定解答能推出第二个问题的肯定解答，因为每个大于 7 的奇数能表示为一个大于 4 的偶数与 3 的和。1937 年苏联数学家 I.M. 维诺格拉多夫利用他独创的"三角和"方法证明了每个充分大的奇数能表示为 3 个奇质数之和。这一证明基本解决了第二个问题，但第一个问题至今仍未解决。由于第一个问题实在太难，数学家们开始研究较弱的命题：每个充分大的偶数可以表示为质数个数分别为 m、n 的两个自然数之和，简记为"$m + n$"。1920 年挪威数学家 V. 布朗证明了"$9 + 9$"。

在此之后的 20 多年里，数学家们又陆续证明了"$7 + 7$""$6 + 6$""$5 + 5$""$4 + 4$"和"$1 + c$"（其中 c 为常数）。1956 年中国数学家王元证明了"$3 + 4$"，随后又证明了"$3 + 3$""$2 + 3$"。

20 世纪 60 年代前半期，中外数学家将命题推进到"$1 + 3$"。1966 年中国数学家陈景润证明了"$1 + 2$"，这一结果被人们称为"陈氏定理"。"陈氏定理"是哥德巴赫猜想研究史上重要的里程碑。

叙拉古猜想

大家一起来做个游戏，每个人可以从任何一个正整数开始，连续进行如下运算：当结果是奇数时，就把这个数乘以 3 再加 1；当结果是偶数时，就把这个数除以 2。这样演算下去，直到第 1 次得到 1 才算结束，首先得到 1 的获胜。比如，要是从 1 开始，就可以得到 $1 \rightarrow 4 \rightarrow 2 \rightarrow 1$；要是从 17 开始，则可以得到 $17 \rightarrow 52 \rightarrow 26 \rightarrow 13 \rightarrow 40 \rightarrow 20 \rightarrow 10 \rightarrow 5 \rightarrow 16 \rightarrow 8 \rightarrow 4 \rightarrow 2 \rightarrow 1$。自然地，有人可能会问：是不是每一个正整数按这样的规则演算下去都能得到 1 呢？这个问题就是叙拉古猜想，也叫奇偶归一猜想、$3n + 1$ 猜想、冰雹猜想、角谷猜想、哈塞猜想、乌拉姆猜想。它是指对于每一个正整数，如果它是奇数，则对它乘 3 再加 1；如果它是偶数，则对它除以 2——如此循环，最终都能够得到 1。

这个猜想至今还没有得到完全证明，但也没有发现反例。人们利用计算机已经验证了小于 7×10^{11} 的正整数是可以符合"叙拉古"猜想的，因此大家在做游戏时大可不必担心会出问题。如果能有一个大的正整数，经过演算结果得不到 1，倒是一个了不起的发现，那就可以把叙拉古猜想推翻了。不过，最好还是不要急于在这个问题上花太多的时间，只有打下良好、坚实的基础，才能成功攀登这样的数学高峰。

数学万花筒

躺得越久，站得越快

2013 年，D.J. 罗伯茨和他的研究团队获得了搞笑版诺贝尔奖的概率学奖。因为他们发现牛趴得越久，站起来的可能性越大；但是站立时间的长短却不能用来预测牛什么时候会趴下。

数学思想方法

学习数学，离不开数学思想；解决数学问题，离不开数学方法。数学思想是人们对数学理论和内容的本质的认识，数学方法是数学思想的具体化形式。常见的数学思想有转化、分类、数形结合和方程等，对应应用到的基本方法主要有待定系数法、消元法、配方法、换元法、图像法等。

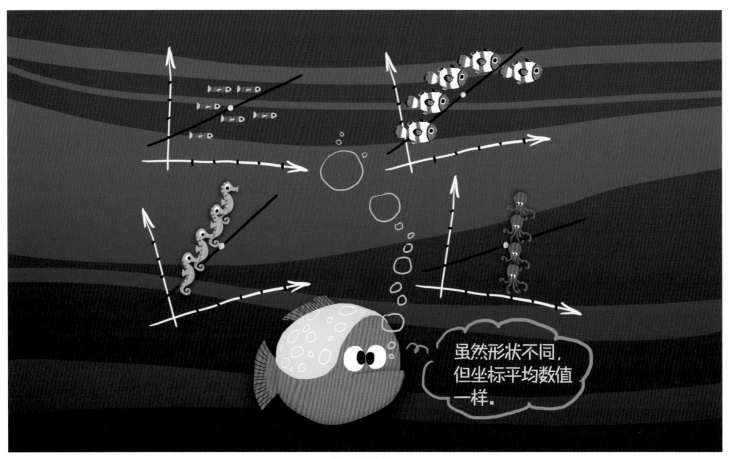

数与形的结合

数形结合思想

数与形是数学中的两个最古老，也是最基本的研究对象，它们在一定条件下可以相互转化。数形结合思想方法是数学中一种重要的思想方法。F. 恩格斯曾说过："数学是研究现实世界的量的关系与空间形式的科学。"数形结合就是根据数学问题的条件和结论之间的内在联系，既分析其代数意义，又揭示其几何形式，使数量关系的精确刻画与空间形式的直观形象巧妙、和谐地结合在一起，充分利用这种结合，寻找解题思路，将问题化难为易、化繁为简，从而找到问题的解决方案。简单地说，数形结合是指数是形的抽象概括，形是数的直观表现。

用数形结合的思想解题可分两类：一是利用几何图形表

示数的问题，它常借用数轴、函数图像等；二是运用数量关系来研究几何图形问题，常需要建立方程（组）或建立函数关系式等。

例题：某班共有 30 人，其中 15 人喜爱篮球运动，10 人喜欢乒乓球运动，8 人对这两项运动都不喜欢，求喜欢篮球但不喜欢乒乓球运动的人有多少。

分析：从题目中看，这是一道代数题，因为涉及喜欢篮球、喜欢乒乓球、不喜欢篮球、不喜欢乒乓球 4 种情况，如果逐一分析，难度很大。在解这道题时，如果运用数形结合的思想方法，把代数题转化为图的形式，将变得直观许多。

从下图看，全班共有 30 人，两项运动都不喜欢的有 8 人，则喜欢篮球和乒乓球的人共有 30 − 8 ＝ 22（人）。而 15 人喜爱篮球运动，10 人喜爱乒乓球运动，则两项运动都喜欢的人有 15 ＋ 10 − 22 ＝ 3（人），所以喜欢篮球但不喜欢乒乓球的应为 15 − 3 ＝ 12（人）。

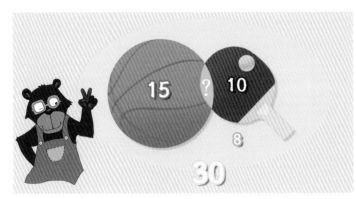

数形结合思想

化归思想

假设有煤气灶、水龙头、水壶和火柴，让你烧开水，你会怎样做？大概你会说："在壶中灌上水，点燃煤气，再把壶放在煤气灶上。"但是，如果其他的条件都没有变化，只是水壶中已经有了足够的水，那么你又会怎样做？你也许会说："点燃煤气，再把水壶放在煤气灶上。"对吧？

数学家们可不这么想，他会告诉你："把壶里的水倒掉，然后再按照前面的顺序去做。"这个看上去很难理解的答案，展现了数学中的一个重要思想——化归思想。化归思想的核心是，不必直接寻找问题的答案，而是寻找一些熟悉的结果，再设法将面临的问题转化为某一规范的问题，以便运用已知的理论、方法和技术使问题得到解决。

例题：若 $x^2 + y^2 - 2x - 4y + 5 = 0$，求 $2xy$ 的值。

分析：要求出 $2xy$ 的值，即要求出 x、y 的值，由已知条件可见，该方程是一个二元二次方程，但解方程求值的解题思路是行不通的，因为条件不够。对照已知条件，该方程可转化为 $x^2 + y^2 = 0$ 的形式，从而将问题转化为把方程左边的代数式配成完全平方和的形式，然后求出 x、y 的值。

解析：

由 $x^2 + y^2 - 2x - 4y + 5 = 0$，

得出 $x^2 - 2x + 1 + y^2 - 4y + 4 = 0$，

即 $(x-1)^2 + (y-2)^2 = 0$

∵ 无论 x、y 取任意实数 $(x-1)^2 \geq 0$，$(y-2)^2 \geq 0$

∴ 要使 $(x-1)^2 + (y-2)^2 = 0$ 成立，只有

$(x-1)^2 = 0$，$(y-2)^2 = 0$，

即 $x - 1 = 0$，$y - 2 = 0$。

∴ $x = 1$，$y = 2$，$2xy = 2$

答：$2xy$ 的值为 2。

数学家的化归思想

要先倒掉壶里的水

这样子啊！

点煤气、把水壶放在煤气灶上、烧水……

分类思想

在解答某些数学问题时，有时会遇到多种情况，需要对这些情况加以分类，并逐类求解，然后综合得解，这就是分类思想。分类思想是一种重要的数学思想，同时也是一种重要的解题策略。数学中的分类有的是根据数学的概念进行分类，如单名数和复名数，有理根与无理根；有的是根据图形的特征或相互间的关系进行分类，如三角形按角分类，有锐角三角形、直角三角形、钝角三角形；如果按边的长短关系分类，有不等边三角形和等边三角形。其中，等边三角形又可分为正三角形和等腰三角形。

用分类思想来解决问题主要注意一点，就是要做到不重复、不遗漏。

例题：已知 $\triangle ABC$ 的周长为20cm，$AB = AC$，其中一边边长是另一边边长的2倍，求 BC 的长度。

分析：题目中说三角形的一边边长是另一边边长的2倍，又由于 $AB = AC$，这说明是 BC 与 $AB(AC)$ 之间的比较，但没有说明哪条边更长。因此，这里会出现两种情况：$BC = 2AB(AC)$ 或 $2BC = AB(AC)$。所以，要用分类思想分别讨论。

解题：

设 $AB = AC = x$

（1）当 $AB = 2BC$ 时，$BC = 0.5x$

根据题意，列 $x + x + 0.5x = 20$，解得 $x = 8$（cm），则 $BC = 0.5x = 4$（cm）。

（2）当 $BC = 2AB$ 时，$BC = 2x$

根据题意，列 $x + x + 2x = 20$，解得 $x = 5$（cm），则 $BC = 2x = 10$（cm）。

检验：

当 $AB = 2BC$ 时，三边长分别为8cm、8cm、4cm，可组成三角形；

当 $BC = 2AB$ 时，三边长分别为5cm、5cm、10cm，不可组成三角形，舍。

答：BC 长为4cm。

分类思想

方程思想

方程思想

在数学问题的解决中，有时很难从已知的条件推算出未知的量，这时，可以引入未知数，通过已知量与未知量之间的关系，列出方程，从而得到未知的量，这种思想方法就是方程思想。方程思想，是从问题的数量关系入手，运用数学语言将问题中的条件转化为数学模型，然后通过解方程来使问题获解。运用方程思想的过程是将实际问题转化为数学问题，再转化为代数问题，最后转化为方程问题。

例题：某服装店老板到厂家选购 A、B 两种型号的服装，若购 A 型号 9 件、B 型号 10 件，需要 1810 元；若购进 A 型号 12 件、B 型号 8 件，则要 1880 元。问：① A、B 两种型号服装每件多少元？②若售一件 A 型号或 B 型号服装可分别获利 18 元或 30 元，老板决定某次进货 A 型号服装数量是 B 型号服装数量的 2 倍还多 4 件，且 A 型号服装最多可进 28 件，若想这次售完货后能赚不少于 699 元的利润，有几种进货方案？如何进货好？

解析：题目涉及 A、B 两种型号的服装，每种型号的服装数量前后都有变化，如果直接从已知的量来推算，则很难得到单价。在这里，我们运用方程思想，通过单价 × 数量＝总价的关系，列出方程和不等式，解题就变得简单多了。

（1）设 A 型号服装每件 x 元，B 型号服装每件 y 元，则有

$$\begin{cases} 9x + 10y = 1810 \\ 12x + 8y = 1880 \end{cases}$$

解方程可得 $x = 90$（元），$y = 100$（元），即老板购进的 A 型号服装每件需 90 元、B 型号服装每件需 100 元。

（2）设购进 B 型号服装 x 件，则 A 型号服装为（$2x + 4$）件。列不等式方程如下：

$2x + 4 \leqslant 28$

$18(2x + 4) + 30x \geqslant 699$

解不等式方程分别得出

$x \leqslant 12$

$x \geqslant 9.5$

即 $9.5 \leqslant x \leqslant 12$。

所以，x 可以取的整数值为 10、11、12。

那么进货方案有三种：① A 型号服装 24 件、B 型号服装 10 件；② A 型号服装 26 件、B 型号服装 11 件；A 型号服装 28 件、B 型号服装 12 件。根据这三种进货方案，所需费用分别为 3160 元、3440 元、3720 元，因此，第①种进货方案好。

5 9 4 2

与数学原理
数学理论

数学原理

在研究数学问题时，将具体的研究对象加以抽象化和公理化，使这些公理化的论证方法和理论能普遍适用和解决同类的各种问题，而这些被抽象化和公理化的论证方法就成了人们公认的数学原理。数学原理一般包括原理、定理等。

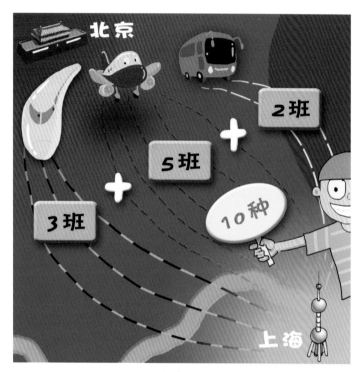

加法原理

加法原理

从北京到上海，人们可以乘火车、汽车，也可以乘飞机。如果每天从北京出发去上海的火车有 3 班，汽车有 2 班，飞机有 5 班，那么每天从北京到上海的走法共有 $3＋2＋5＝10$（种）。这些不同的走法用的就是组合学中的加法原理。而这个简单的原理便成为组合学研究的起点。加法原理是指如果完成一件事有 n 类办法，第一类办法分 m_1 种不同方法，第二类办法分 m_2 种不同方法……第 n 类办法分 m_n 种不同方法，那么完成这件事共有 $m_1＋m_2＋\cdots＋m_n$ 种不同方法。

乘法原理

乘法原理是指如果完成一件事需要分成 n 步，而完成第一步有 m_1 种方法，完成第二步有 m_2 种方法……完成第 n 步

有 m_n 种方法，那么完成这件事共有 $m_1×m_2×\cdots×m_n$ 种不同方法。那么，在 1000 和 9999 之间各个位数数字都不同的 4 位偶数有多少个？

首先来确定个位与千位数字。千位数字可以在 $1\sim9$ 这 9 个数字中任选。如果千位数字选择奇数，则有 5 种选择方法，这时个位可以在 0、2、4、6、8 这 5 个数字中任选，从而由乘法原理确定个位与千位数字共有 $5×5＝25$ 种方法。同理，如果千位数字选择偶数，则个位与千位数字的组合方式有 $4×4＝16$ 种。因此，个位与千位数字的组合方式共有 $25＋16＝41$ 种。确定了个位与千位数字之后，十位数字可以有 8 种选择，百位数字有 7 种选择，所以，由乘法原理得知，各位数字不同的 4 位偶数共有 $41×8×7＝2296$ 个。

乘法原理

抽屉原理

抽屉原理

日常生活中，人们只要稍加留意，就不难发现某些带有规律性的事物。比如，将 10 个苹果放进 9 个抽屉，那么肯定有一个抽屉里放进了两个或更多的苹果。这是大家都能理解的简单道理，它被称为抽屉原理或鸽笼原理。抽屉原理的一般形式为，将 $n+1$ 个苹果放进 n 个抽屉里，则至少有一个抽屉里放进了两个或两个以上的苹果。

千万别小看这个既平常又简单的原理，许多有趣的问题，都可以用抽屉原理来解决。比如，任意 13 个人中，必然有 2 个人是在同一个月份出生的。只要将 13 个人看成苹果，将 12 个月份看成抽屉，就能由抽屉原理得到结论。再比如，在边长为 1 的正方形内，任意给定 5 个点，则其中必有 2 个点之间的距离不会大于 $\frac{\sqrt{2}}{2}$。

证明这个问题只需将正方形分为面积相等的 4 等份，则 4 个小正方形的边长都是 $\frac{1}{2}$，每个小正方形内任意两点之间的距离均不会大于小正方形的对角线长 $\frac{\sqrt{2}}{2}$。将 5 个点看成苹果，4 个小正方形看成抽屉，由抽屉原理得知，必然有一个小正方形中有 2 个点之间的距离不大于 $\frac{\sqrt{2}}{2}$。

孙子定理

我国古代数学著作《孙子算经》中有这样一道题："今有物不知其数，凡三三数之余二，五五数之余三，七七数之余二，问物几何？"书中对这个问题给出了具体解法和答案。由于这类问题最早出现在这部书里，所以得名孙子定理。它是一元一次同余方程组的求解定理，又称孙子同余定理。在世界数学著作中，《孙子算经》首次提出了一次同余方程组解法，国际上称"中国剩余定理"。这道题的意思是"有一个数，除以 3 余 2，除以 5 余 3，除以 7 余 2，求适合条件的最小数"。这道题的解法有很多，以推理法为例，可以这样解：

因为此数除以 3 余 2，除以 7 余 2，而 3 和 7 都是质数，那么这个数一定是在 3 和 7 的最小公倍数上加而得到的数。比 3 和 7 的最小公倍数多 2 的数最小的一个是 $3 \times 7 + 2 =$ 23。接下来，看除以 5 余 3 的数。因为 23 除以 5 余 3，也符合题中的条件，并且 23 是适合题中三个条件的最小的数。由此得知，题中所求之数为 23。

如果求比 23 大的数，那就在 23 上加上 3、5、7 的公倍数就可以了。

瞧，答案出来了，23 是适合条件的最小数。

数学理论

许多事情都有自己的一定之规，这个"一定之规"就是做事的"依据"，如唱歌得先学识谱，炒菜得先看菜谱，下棋得懂棋谱……同样，数学也有它要遵循的法则和定律等。掌握了这些"一定之规"，你就可以步入数学殿堂一探究竟了。

概率论

人们常对各种事物做出估计和预测。有的事情确实会发生，人们使用推理就可以知道事情会不会发生了；有的事情随机性很大，推理的方法已经无效，只能知道它发生的可能性的大小。

研究这种随机现象数量规律的一个数学分支，就叫概率论。概率论立足于捕捉偶然中的必然。把一定发生的事件叫必然事件，把它的概率定为1，把一定不发生的事件叫不可能事件，它的概率定为0，一般事件的概率是介于0与1之间的一个数。在自然界和社会事件中，条件相同时，可能发生，也可能不发生的事件被称为随机事件。

概率论与实际生活有着密切的联系，并广泛应用于自然科学、社会科学等领域中。正如法国数学家 P. -S. 拉普拉斯所说："生活中最重要的问题，绝大多数是概率的问题。"

甲不坦白　　　　　乙不坦白

甲坦白　　　　　乙坦白

甲不坦白或甲坦白　　　乙坦白或乙不坦白

囚徒困境

博弈论

下棋已成为许多人茶余饭后乐此不疲的一项业余爱好。如果要对弈，就必有胜负。如何赢棋是一个很值得研究的问题。而研究这类问题的学问就是博弈论，又叫对策论。

博弈论是20世纪20年代才发展起来的新兴学科，它是研究对象行为中斗争各方是否存在着最合理的行为方案，以及如何找到这个合理的行为方案的数学理论和方法。博弈论由 J. 冯·诺伊曼等人的研究开始，最先被用于解决经济问题和军事问题，之后也被用来解决一些社会问题。囚徒困境是博弈论中的经典案例之一。它最早是由美国普林斯顿大学的数学家 A. 塔克于1950年明确叙述的。其意是，假设甲、乙两个涉嫌共谋犯罪的嫌疑犯被捕后，被关在相互隔离的牢房中，他们面临的选择或者是坦白，或者是保持沉默（即不坦白）。他们被告知：①如果他们之中有一人坦白，而另一人不坦白，则坦白者可获得自由，而拒不坦白者要被判10年监禁；②如果两人都坦白，则两人都被判5年监禁；③如果两人都不

坦白，则两人都被判1年监禁。囚徒困境有两个前提预设：一是甲乙二人都是自私理性的人，即只要给出两种可选的策略，每一方将总是选择其中对他更有利的那种策略。二是两人无法互通信息，要在不知道对方选择结果的情况下，自己进行选择。在这种条件下，从甲立场来看，共有两种可能情况：第一种可能是乙采取坦白的策略，这时如果甲也坦白，则要入狱5年，如果不坦白，则要入狱10年，两相比较，最优选择是坦白。第二种可能是乙采取沉默的态度，这时若甲也沉默，要入狱1年，如果甲坦白，则可获得自由，两相比较，最优选择是坦白。因此，无论乙是坦白还是沉默，甲采取坦白的策略都对自己更为有利。同样，以上推理对于乙也适用。结果两个囚徒都坦白了，都被判刑5年。囚徒困境的"困境"在于，甲乙二人如果都保持沉默，则都只被判刑1年，显然比两人都坦白的结果要好。可是两人经过一番理性计算后，却选择了一个使自己陷入不利的局面。

数学悖论

一般而言，数学给人的印象总是严密和可靠的。但早在 2000 多年前，古希腊人就发现了一些看起来好像正确，但却与直觉和日常经验相矛盾的命题，这些自相矛盾的命题称为悖论或反论，即如果承认这个命题，就可推出它的否定；反之，如果承认这个命题的否定，又可推出这个命题。

理发师悖论

约公元前 5 世纪，古希腊哲学家芝诺提出了 4 个著名的悖论。第一个悖论说运动不存在，理由是运动物体到达目的地之前必须先抵达中点。也就是说，一个物体永远不能从 A 到达 B。因为要从 A 到 B，必须先到达 AB 的中点 C，为到达 C 必须先到达 AC 的中点 D，等等。这就要求物体在有限时间内通过无限多个点，因而是不可能的。第二个悖论说希腊的英雄阿基琉斯永远赶不上在他前面的乌龟。因为追赶者首先必须到达被追者的起点，因而被追者永远在前面。第三个悖论说飞箭是静止的，因为在某一时间间隔，飞箭总是在某个空间间隔中确定的位置上，因而是静止的。第四个悖论是游行队伍悖论，内容与前者基本上是相似的。芝诺悖论在数学史上有着重要的地位，有人将它看成是第二次数学危机的开始（无理数的发现被认为是第一次数学危机），并由此导致了实数理论、集合论的诞生。20 世纪初，英国哲学家、数学家、逻辑学家 B. A. W. 罗素提出一个著名的悖论：有一个村庄的理发师立下了一个规矩，即只为所有不自己理发的人理发。于是，有人问他："理发师先生，您的头发由谁理呢？"这可难住了理发师。因为从逻辑上讲，理发师理发有两种可能性，即自己给自己理或请别人给自己理。但若自己给自己

混沌理论

1963 年，美国一位数学家提出了早期的混沌理论。他认为：初始条件下的微小偏差，可能引起整个系统的巨大变化。这一理论最著名的论述就是"蝴蝶效应"。西方有一首民谣形象地说明了这一理论：钉子缺，蹄铁卸；蹄铁卸，战马蹶；战马蹶，骑士绝；骑士绝，战事折；战事折，国家灭。现在，混沌理论被广泛应用于股市预测、天气预测、宇宙观测等领域。

理，那就违背了他立下的规矩；如果请别人给自己理，那他自己就成了"不自己理发的人"，按照规矩，他应该给自己理发。而这两种情况都和他自己立的规矩相冲突。理发师被自己立的规矩彻底困住了。这就是理发师悖论，也叫罗素悖论。罗素悖论标志着第三次数学危机的开始，它由此导致了人们对数学基础的广泛讨论。实际上，早在公元前 4 世纪，古希腊数学家欧几里得就提出过与罗素悖论本质上完全一样的说谎者悖论，即"我正在说的这句话是谎话"。这句话到底是真话还是谎话呢？这也是一个无法自圆其说的论题。

悖论在逻辑上可以推导出互相矛盾的结论，但表面上又能自圆其说。它的出现说明有些概念和原理中还存在着不完善、不准确的地方，有待数学家们进一步探讨和解决。数学是以严密的逻辑推理为基础，容不得任何自相矛盾的命题或结论。研究数学悖论，推动了数学的发展。

亚里士多德的轮子悖论

在一个圆形纸板的圆周上任意找一点，并做下标记，然后以这个标记为起点，使该圆沿一条直线滚动，等到标记重新落到直线上时，纸板刚好转动一周，此时量出起点与终点之间的距离，就恰好是该圆形纸板的周长。但古希腊哲学家亚里士多德曾提出过这样一个问题：有大小不等两个圆形的轮子，它们的圆心固定在一起，轮子滚动一周，大圆从 A 点移到 A′ 点，这时 AA′ 就相当于大轮的周长。此时小轮也跟着转动一周，正好从 B 点到 B′ 点，走过了 BB′ 的距离。由于 AA′ = BB′，这表明小轮的周长和大轮周长相等，而根据圆周长的计算公式，我们知道圆的周长与它的直径成正比，小圆的周长要比大圆的周长小。这就是亚里士多德的轮子悖论。为什么会出现这种情况呢？可以尝试把圆形的轮子转化成正方形的轮子来进行分析。假设这两个轮子是两个同心的正方形，当大正方形翻动一周时，小正方形被带着跳过了 4 段空隙，它的轨迹是不连续的，所以 BB′ 不是小轮的周长。我们还可以通过滚动和滑动来分析，当轮子在地面上滚动时，大轮在地面上滚动一周，小轮却是连滚带滑地走到终点。所以，AA′ 是大轮的周长，BB′ 大于小轮的周长。

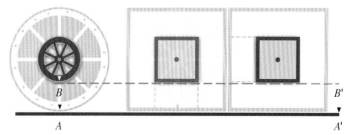

将圆形的轮子转化成正方形的轮子

$a^2 + b^2 = c^2$

$AB + AC = BC$

$\dfrac{1 + 100}{2}$

$0I0 \quad I0I0I$

$00II0I0$

$V - E + F = 2$

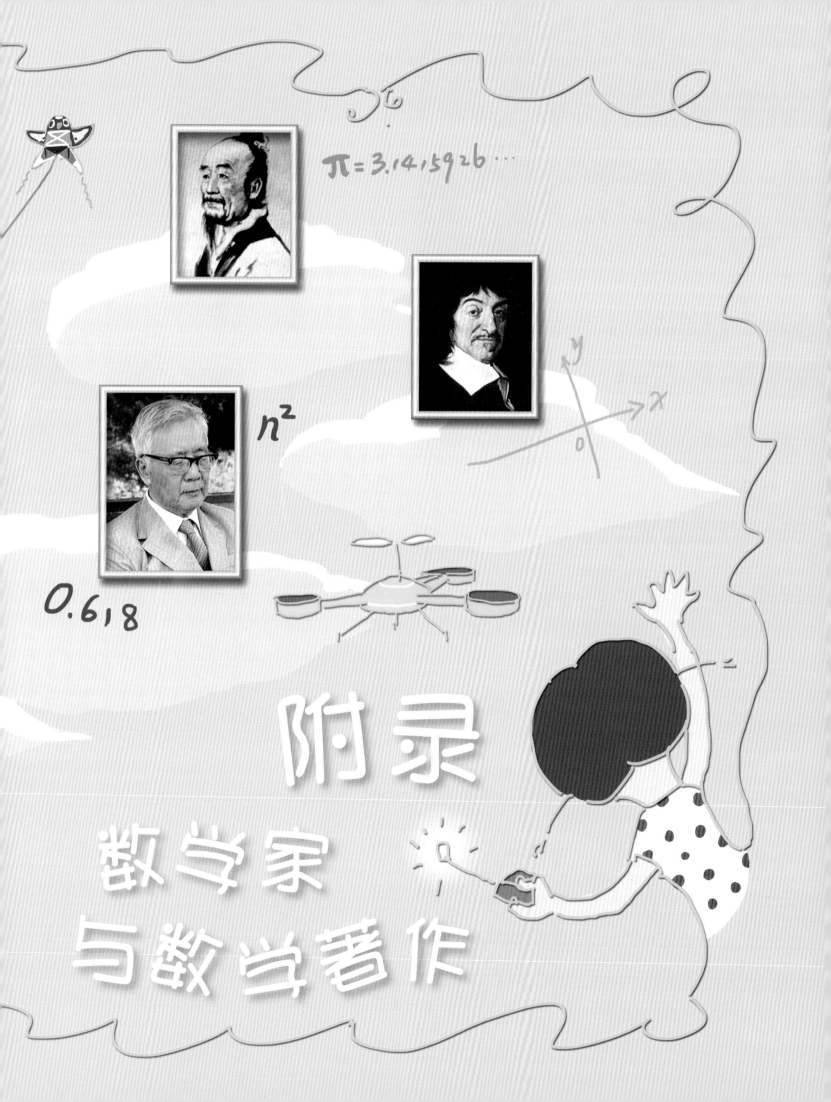

π = 3.1415926...

n²

0.618

附录

数学家与数学著作

约前 1650 年

古埃及
《兰德纸草书》
Rhind Mathematical Papyrus

尼罗河定期泛滥，淹没土地，水退后需重新丈量居民土地面积。这种土地测量知识公认为几何学的来源。现在所知的古埃及数学知识主要来自前 2000 年到前 1650 年的一些遗存。这些遗存有木板文书、皮草书卷，特别是 5 部莎草纸草书，其中最著名的是《兰德纸草书》。

约前 500 年

古巴比伦
《巴比伦泥板文书》
Babylonian clay tablet

巴比伦泛指今伊拉克的两河流域地区。巴比伦数学在约前 500 年前达到当时的最高水平。已出土巴比伦的泥板文书中约有 300 块是含有数学内容的，其中包括乘法表、倒数表、平方数表、立方数表、平方根表及复利表等颇具实用性的数表。人们使用至今的分、秒计时单位就继承了巴比伦独特的六十进位制。

前 529 年

古希腊
毕达哥拉斯
Pythagoras

毕达哥拉斯（前 580 ~ 前 500）以发现勾股定理著称于世，因此，勾股定理在西方也称为毕达哥拉斯定理。公元前 529 年，毕达哥拉斯建立了一个颇具神秘色彩的学派。在探索事物本原上，这一学派十分推崇事物中的数量关系，宣称数是宇宙万物的本源。

约前 300 年

古希腊
欧几里得
Euclid

欧几里得（约前 330 ~ 前 275）是最著名的古希腊数学家。他的著作《几何原本》开创了数学公理化的正确道路，对整个数学发展的影响，超过了历史上任何其他著作。古希腊数学的基本精神，是从少数的几个原始假定出发，通过逻辑推理，得到一系列命题。这种精神充分体现在欧几里得的《几何原本》中。

约前 1 世纪

中国

《周髀算经》

Zhoubi Suanjing

《周髀算经》是现存中国最古老的数学著作，以数学家商高答周公问的方式，记录了 246 个问题的解法，阐述了数学方法在测天量地、制定历法中的作用，勾股、圆方的知识，以及用矩之道。《周髀算经》既是当时已经存在的数学知识的总结，也规范了此后中国传统数学的模式。

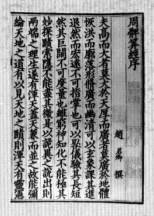

263 年

中国

刘徽

Liu Hui

刘徽（约 225 ~ 约 295）是中国魏晋时期的数学家。263 年，他完成《九章算术注》10 卷，在其中定义了许多重要数学概念，并以演绎逻辑为主要方法全面证明了《九章算术》的算法，驳正了其中的错误或不精确之处。他还是世界上首次将极限思想和无穷小分割方法引入数学证明的人。

约 1 世纪

中国

《九章算术》

The Nine Chapters on the Mathematical Art

《九章算术》主体采取术文统率例题的形式，构筑了中国和东方数学的基本框架。其中分数理论，比例、盈不足、开方等算法，线性方程组解法，正负数加减法则及解勾股形方法等都是具有世界意义的成就。

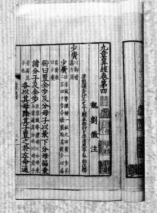

约 600 年

印度

婆罗摩笈多

Brahmagupta

婆罗摩笈多（598 ~ 668）是印度天文学家、数学家，属乌贾因学派。他对专业名词、各种符号、代数式运算等方面都有研究，在一次不定方程问题上取得新的进展。二阶差分内插公式、有理数勾股数公式以及解二次不定方程都是婆罗摩笈多的创见。

约 830 年
阿拉伯
花拉子米
al-Khwarizmi

花拉子米（780 ~ 847）是阿拉伯数学家，现代数学中算法（algorithm）一词即是由他的名字演变而来。他于 830 年完成《移项与对消》一书，首次给出二次方程的一般解法。这本书的第一部分在 12 世纪被单独译为拉丁文，在欧洲一直流行到 16 世纪，书名成为现代"代数"（algebrae）等词的来源。

1247 年
中国
秦九韶
Qin Jiushao

秦九韶（1208 ~ 1268）是中国南宋时期的数学家，1247 年，他完成了著作《数书九章》18 卷。《数书九章》共 81 道题，九大类，实用性强，所设问题复杂，解题步骤详细。其中对一次同余式组解法和高次方程的数值解法等有深入的研究。《数书九章》还记载了世界文明史上最早的测雨器、量雪器。

1228 年
意大利
斐波那契
Leonardo Fibonacci

斐波那契（1175 ~ 1250）是意大利数学家。他将印度－阿拉伯数字、位值制记数法等从东方引入，成为这个时期最重要的数学事件。1228 年，他在《算盘书》（第二版）中独创的斐波那契数列，在现代物理、化学、准晶体结构等领域都有直接的应用。

1591 年
法国
韦达
François Viète

韦达（1540 ~ 1603）是法国数学家，他在 1591 年出版的《分析方法入门》一书中，第一次自觉地用符号代替已知数，并把可计算的对象由数推广到一般的符号，确立了符号代数的原理和方法，使代数系统化，因此被称为"代数学之父"。他的韦达定理（方程的根与系数的关系式），成为代数方程论的出发点。

1637 年
法国
笛卡儿
René Descartes

笛卡儿（1596 ~ 1650）不仅是数学家，同时也是西方近代哲学的创始人之一。物理学和数学等自然科学学科是他哲学理论体系的重要组成。1637 年，他在《方法论》一书的附录中，引进了直角坐标系，从而将几何学和代数学结合起来，开创了解析几何学。解析几何的产生是数学发展史上的一次飞跃。

1684 年
德国
莱布尼茨
Gottfried Wilhelm Leibniz

莱布尼茨（1646 ~ 1716）是德国历史上罕见的全才。在数学领域，他最突出的贡献是与牛顿各自独立地沿不同途径创立了微积分。1684 年，他的《一种求极大极小和切线的新方法，……》发表。这是世界上最早的微积分研究文献。他所创设的微积分符号直到今天都有重大的影响。

1679 年
法国
费马
Pierre de Fermat

费马（1607 ~ 1665）是一位法国律师，业余时间钻研数学，在数论、解析几何学、微积分、概率论、变分原理等方面都有重大贡献。他的很多论述遗留在旧纸堆里，或书页的空白处。1679 年，他的儿子整理出版了这些手稿，其中包括没有证明过程的"费马大定理"。这一定理直到 1995 年才被后人证明。

1687 年
英国
《自然哲学的数学原理》
Philosophiæ Naturalis Principia Mathematica

《自然哲学的数学原理》是英国科学巨人牛顿的著作，也是有史以来最重要的科学著作之一。在书中，牛顿说明了极限的意义，并导出微积分方法，作为分析力学和物理学的研究工具。微积分是现代数学的根基。有了微积分之后，人们就能处理各种极值问题以及弯曲曲面所围的体积。

1713 年

瑞士
伯努利
Jacob Bernoulli

伯努利（1654 ~ 1705）是最早使用"积分"这个术语的人，也是较早使用极坐标系的数学家之一，但他对数学最重大的贡献是在概率论研究方面。他从1685年起发表关于赌博游戏中输赢次数问题的论文，后来写成书——《猜度术》，只是在他去世8年后（1713年）才得以出版。这本书成为概率论的奠基之作。

1747 年

瑞士
欧拉
Leonhard Euler

欧拉（1707 ~ 1783）是数学史上最多产的数学家，写有专著和论文800多种。1747年，欧拉提出欧拉恒等式 $e^{i\pi} + 1 = 0$，将5个最重要的数学常数简洁地联系到了一起。欧拉晚年双目失明，但仍凭着惊人的记忆力和心算技巧继续从事科学研究，通过口授完成了大量科学论著。

1733 年

英国
棣莫弗
Abraham De Moivre

棣莫弗（1667 ~ 1754）在《机遇论》一书中第一次定义独立事件的乘法定理，并提出二项分布以及正态分布的表达式。1733年棣莫弗用 n！的近似公式导出正态分布的频率曲线，此即中心极限定理的原始形式。这一定理与伯努利的大数定理共同构成初等概率论的基石。

1801 年

德国
高斯
Johann Carl Friedrich Gauss

高斯（1777 ~ 1855）是德国数学家、天文学家和物理学家。他于1801发表的《算术研究》，标志着近代数论的系统理论的产生。在这本书中，高斯不仅把19世纪以前数论中的一系列孤立的结果予以系统的整理，给出了标准记号的和完整的体系，而且详细地阐述了自己的研究成果。

1829 年

俄罗斯
罗巴切夫斯基
Nikolai Ivanovich Lobachevsky

罗巴切夫斯基（1792 ~ 1856）
在 1829 年发表的《论几何学基础》
是最早发表的非欧几何学著作。在
著作中，罗巴切夫斯基用新的平行
公理代替了欧氏几何的平行公理，
建立了一个新的几何系统。后人则
称之为罗氏几何学或双曲几何学。
它告诉人们数学允许同时存在对立
又各自正确的公理体系。

1854 年

德国
黎曼
Georg Friedrich Bernhard Riemann

黎曼（1826 ~ 1866）是德国数
学家，发展了空间的概念。他在
1854 年发表的《论作为几何学基
础的假设》中，提出了非欧几何
中的另一种几何学——黎氏几何。
简单地说，欧氏几何是平直空间中
的几何，罗氏几何是负曲率空间中
的几何，黎氏几何则是正曲率空间
中的几何。

1846 年

法国
伽罗瓦
Évariste Galois

伽罗瓦（1811 ~ 1832）是有
限域理论的创立者。伽罗瓦对
代数方程的可解性给出明确的
判据，启动了代数学的一个全
新方向——群论。但这一研究
在当时并未引起重视，直至他
去世 14 年后的 1846 年，好
友刘维尔才将伽罗瓦遗稿的一
部分整理出版。

1895 年

法国
庞加莱
Jules Henri Poincaré

庞加莱（1854 ~ 1912）是法国
数学家，在多个领域都颇有建树，
而对现代数学最重要的影响是创立
了组合拓扑学。1895 年，他的论
文《位相分析》将图论一般化，创
立了用剖分研究流形的基本方法。
此外他还探讨了三维流形的拓扑分
类问题，提出了著名的庞加莱猜想。

1910 年
英国
《数学原理》
Principia Mathematica

《数学原理》是数理逻辑研究的一个重要里程碑，由英国数学家罗素和他的老师怀特海合著，共3卷，第一卷于1910年出版。《数学原理》尝试只使用逻辑概念定义数学概念，同时尽量找出逻辑本身的所有原理，其主要目的是要说明纯粹数学是从逻辑前提推导出来的。

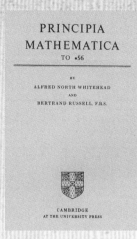

1944 年
美国
冯·诺依曼
John von Neumann

冯·诺伊曼（1903～1957）是匈牙利裔美国数学家。1944年，他与莫根施特恩合作写下博弈论的经典著作《博弈论和经济行为》。博弈论又称对策论，是研究具有竞争性质现象的数学分支。他还发表了《关于埃德伐克(EDVAC)设计方案的初步报告》。报告中所描述的计算机基本结构一直沿用至今。

1933 年
苏联
科尔莫戈罗夫
Andrey Kolmogorov

科尔莫戈罗夫（1903～1987）是20世纪最有影响的苏联数学家之一，对开创现代数学的一系列重要分支作出了重大贡献。1933年，他在著作《概率论的基础》中将概率论公理化，使现代概率论成为一个独立数学领域，推动了随机数学的建立与发展。

1950 年
美国
纳什
John Forbes Nash

纳什（1928～2015）是非合作博弈论领域的奠基人。1950年，他在博士论文《非合作博弈》中创立了一种均衡概念，被命名为"纳什均衡"。纳什均衡及其后续理论不仅影响了数学界，而且也改变了经济学乃至整个社会科学的面貌。

1956 年

中国
华罗庚
Hua Luogeng

华罗庚（1910 ~ 1985）是中国著名数学家。他在多个数学领域中都作出了卓越贡献，曾系统地总结、发展与改进了哈代与李特尔伍德圆法、维诺格拉多夫三角和估计方法及他本人的方法。1956 年，华罗庚荣获国家首届自然科学奖一等奖。

1995 年

英国
维尔斯
Andrew Wiles

维尔斯（1953 ~ ）是英国数学家。10 岁时，他就被费马大定理吸引，并从此选择了数学作为终身的研究领域。1995 年，他通过证明半稳定椭圆曲线的谷山‑志村‑韦伊猜想而最终完成对费马大定理的证明。这一成果让他在 2016 年获得数学界最高奖项之一的阿贝尔奖。

1966 年

中国
陈景润
Chen Jingrun

陈景润（1933 ~ 1996）是中国现代数学家，主要研究解析数论。1966 年，他证明了"每个大偶数都是一个素数及一个不超过两个素数的乘积之和"，使他在哥德巴赫猜想的研究上居世界领先地位。这一结果在国际上受到广泛征引，被称为"陈氏定理"。

数学的未来

与大多数研究领域一样，信息爆炸导致了数学学科的专业化。在 20 世纪末，数学领域已有数百个细分专业，越来越多的数学期刊得以出版。在 21 世纪，数学与各门学科之间的关系愈发密切。从不可见的原子到地球上巨大的生物系统，都将促使数学的理论研究和应用研究得到前所未有的进步。

答案

第1关：A

第2关：$3.9\% < 0.054 < \frac{17}{50} < \frac{2}{5} < 0.54$

第3关：

小数		0.55	0.375		0.66……
百分数	60%		37.5%	125%	66.66%
分数	$\frac{3}{5}$	$\frac{11}{20}$		$1\frac{1}{4}$	

第4关：

老鼠说得对："4个1组合而成的最大的数是11^{11}"，即285311670611。

闯关项目：八戒招聘

第1关：

每条鱼的各个部位都按同样的单价算，才和整条鱼一起卖是同样的价格。即：

（4＋1）×4＝20（元），而4×3＋1×1＝13（元），所以，八戒亏了。

第2关：

（200－120）÷10＝8（元）

第3关：

① 378＋44＋114＋242＋222＝（378＋222）＋（44＋114＋242）＝1000；

② 4004×25＝1001×4×25＝1001×100＝100100；

③ 789×99=789×（100－1）＝789×100－789×1＝78111；

④ 9999＋999＋99＋9＝（10000－1）＋（1000－1）＋（100－1）＋（10－1）＝10000＋1000＋100＋10－4＝11106。

闯关项目：与蚂蚁比赛

第1关：①＞；②＞；③＜；④＝。

第2关：123－45－67＋89＝100

第3关：5＋5＋5 ≠ 555

闯关项目：与"数学天才"过招儿

第1关：

小猴是无法如愿以偿的。因为当小狗跑到100米的终点时，小猴才跑到90米处，所以，小猴平均每跑9米，小狗可以跑10米；当小猴跑了99米时，小狗跑的路程是99÷9×10＝11×10＝110（米）。那么，当小狗跑到110米的终点时，小猴在99米处，还没有到100米的终点。

第2关：

小狗说得对。小兔亏了10元。

第3关：

图中有21个三角形。关于数三角形的这一类数学题，可以用$P=n(n-1)÷2$的公式来解答。其中，P是三角形的个数，n是三角形底边上的交点个数。这里共有7个交点，则有：$P=7×(7-1)÷2=21$。

闯关项目：玩扑克

第1关：

① 10÷5×4×3＝24；

② 10×3－2－4＝24；

③ 12×（12－3－7）＝24；

④ （13－9）×（11－5）＝24。

第2关：

积是24的情况有两种：3、8，4、6；

商是3的可能有三种情况：1、3，2、6，3、9。

综合起来只有一种可能：A拿的两张牌是1、9，B为4、5；C为3、8；D为2、6。所以，剩下的一张牌是7。

第3关：

所有组成的三位数都能被3整除，比例是100%。

AABBBCCCC 中有 9 个字母，按照这种规律排列下去的最后一个 C 的序号肯定是 18、27、36 等。由于 2003 = 9×222 + 5，所以第 2003 个字母是 AABBBCCCC 中的第 5 个字母 B。

闯关项目：篮球比赛

第 1 关：

因为 160 厘米是平均身高，所以有可能。

第 2 关：

每排应摆放 5 个篮球。

列式：（6 ＋ 7 ＋ 2）÷3 ＝ 5

第 3 关： 分析得出：

姚小明得分总数 = 13 ＋ 14 ＋ 20 ＋ 15 = 62 分，

乔小丹得分总数 = 15 ＋ 16 ＋ 18 ＋ 11 = 60 分；

姚小明投球次数总数 = 8 ＋ 9 ＋ 11 ＋ 10 = 38 次；

乔小丹投球次数总数 = 7 ＋ 9 ＋ 10 ＋ 7 = 33 次；

姚小明投球得分率 = 62÷38 ≈ 1.6，

乔小丹投球得分率 = 60÷33 ≈ 1.8；

结果：最高得分手是姚小明，投篮得分率更高的是乔小丹。

闯关项目：填数游戏

第 1 关：

按从上到下、从左到右的顺序填表，依次为 16、2、13、8、9、6、15、14。

第 2 关：   **第 3 关：**

闯关项目：英语字母表

第 1 关：

T。字母相对应的序号是 2、5、9、14、20，前后两数相差为 3、4、5、6。

第 2 关：

O。字母相对应的序号为 3、6、9；4、8、12；5、10、15，后面两个数分别是第一个数的 2 倍、3 倍。

闯关项目：战斗指挥官

第 1 关：

依照题意，大卡车每吨耗油量为 10÷5 ＝ 2（公升）；小卡车每吨耗油量为 5÷2 ＝ 2.5（公升）。为了节省汽油应尽量选派大卡车运货，又由于 137 ＝ 5×27 ＋ 2，因此，最优调运方案是选派 27 车次大卡车及 1 车次小卡车即可将货物全部运完，且这时耗油量最少，只需用油 10×27 ＋ 5×1 ＝ 275（公升）。

第 2 关：

大家都很容易想到，让甲、乙搭配，丙、丁搭配应该比较节省时间。而他们只有一个手电筒，每次又只能过两个人，所以每次过桥后，还得有一个人返回送手电筒。为了节省时间，肯定是尽可能让速度快的人承担往返送手电筒的任务。那么，就应该让甲和乙先过桥，用时 2 分钟，再由甲返回送手电筒，需要 1 分钟，然后丙、丁搭配过桥，用时 10 分钟。接下来乙返回，送手电筒，用时 2 分钟，再和甲一起过桥，又用时 2 分钟。所以花费的总时间为 2 ＋ 1 ＋ 10 ＋ 2 ＋ 2 ＝ 17（分钟）。

第 3 关：

我们采用分析排除法，将道路图逐步简化，从而找出最佳路线。

先观察从 A 到 O 有两条路，A 到 C 到 O 用 6 分钟，A 到 F 到 O 用 7 分钟，排除后者，可将 FO 抹去，因为从 A 到 B 还有其他路线经过 AF。接着观察从 A 到 E 还剩两条路，A 到 C 到 G 到 E 用 12 分钟，A 到 C 到 O 到 E 用 10 分钟，排除前者，可将 CG、GE 抹去。

再观察从 A 到 D 还剩两条路，A 到 C 到 O 到 D 用 12 分钟，A 到 F 到 H 到 D 用 13 分钟，排除后者，可将 AH、HD 抹去。最后，从 A 到 B 还剩两条路，A 到 C 到 O 到 E 到 B 用 17 分钟，AC 到 O 到 D 到 B 用 16 分钟，排除前者，可将 OE、EB 抹去。从而简化为走 A 到 C 到 O 到 D 到 B，1 ＋ 5 ＋ 6 ＋ 4 ＝ 16（分），即坦克从 A 到 B 最快要 16 分钟。

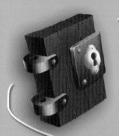

答案

闯关项目：推理

第1关：C　第2关：F　第3关：C、D、E

闯关项目：数学故事会

第1关：

这道题可以这样想：把第一天卖出布的米数看成1份，就可以得出下面的答案：

第一天为1份；

第二天为第一天的2倍；

第三天为第二天的3倍，也就是第一天的2×3倍。

列综合算式可求出第一天卖布的米数：

1026÷（1＋2＋6）＝1026÷9＝114（米）

114×2＝228（米）

228×3＝684（米）

所以三天卖的布分别是114米、228米、684米。

第2关：

假如温斯顿在车站等候，司机来接，他会比平时晚半小时到家。而实际上温斯顿没有等司机，只比平常晚22分钟到家，这缩短下来的8分钟是司机本来要花在从现在遇到温斯顿的地点到火车站再回到这个地点上的时间。这意味着，如果司机开车从现在遇到温斯顿的地点赶到火车站，单程所花的时间将为4分钟。因此，如果温斯顿等在火车站，再过4分钟，他的轿车也到了。也就是说，他如果等在火车站，他已经等了30－4＝26（分钟）了。温斯顿因为怕妻子担心没有等，心急火燎地赶路，把时间全都花在步行上了。

因此，温斯顿步行了26分钟。

第3关：

奇数×2＝偶数，奇数×3＝奇数；

偶数×2＝偶数，偶数×3＝偶数；

偶数＋偶数＝偶数，偶数＋奇数＝奇数。

左手是奇数时，奇数×3是奇数，奇数＋偶数（右手中的偶数×2），结果是奇数。而如右手是奇数时，奇数×2变成偶数，偶数＋偶数（左手中的偶数×3），结果仍是偶数。这就是最后结果与左手中数字奇偶相同的原因，也就是黑熊这个猜法的根据。

闯关项目：生日宴会

第1关：

小明对着A气管呼气，可以吹灭第2根蜡烛。要想吹灭第3根蜡烛，小明需要吹C气管，如下图：

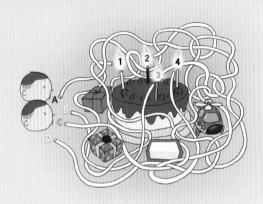

第2关：

将蛋糕平均分成12份最少要切4刀。前三刀两两交叉切成6块，然后放平刀，拦腰横切一刀，如图1。将蛋糕切三刀分为7块的方法如图2：

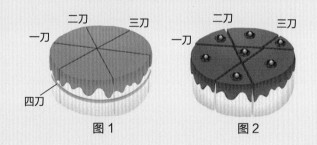

图1　　　　　　　图2

第3关：

属于A家庭。因为只有家庭A中有两个孩子只相差1岁，所以小明绝对不是C家庭的（21－4－13＝4，4＝1＋3，4与3相差1，与条件矛盾）。

家庭A：年龄总数41，包括一个12岁的孩子，所以平均年龄大于10，又因为有两个孩子只相差1岁，所以家庭A中可能出现11，12或12，13。若包括11，12，则41－11－12＝18＝10＋8，而10，11，12皆差1岁，都与条件矛盾。若包括12，13，则41－12－13＝16＝10＋6或7＋9，符合条件。若A家庭为6，10，12，13。则C家庭为1，4，7，9。根据排除法，B家庭为2/3，5，8，11。若A家庭为7，9，12，13，则C家庭为1，4，6，10。根据排除法，B家庭为2/3，5，8，11。

第1关：朝三暮四

第2关：

①（一）波（三）折＋（四）分（五）裂＝（五）花（八）门，算式：13＋45＝58；

②（半）路出家＋（半）途而废＝（一）事无成，算式：0.5＋0.5＝1；

③（两）小无猜－（一）鸣惊人＝（一）视同仁，算式：2－1＝1；

④（九）霄云外÷（三）更半夜＝（三）思而行，算式：9÷3＝3。

第3关：

①3千米的路程需要3天走完（一日千里）；

②9000头（九牛一毛）；

③25千金（一字千金）；

④9支箭（一箭双雕）。

第1关：②　第2关：D是Dimension的缩写，意为"维度"。　第3关：3米　第4关：D

第1关：I will go to Nanjing.（我要去南京。）

第2关：可以先把明文用汉语拼音写下来：wo xia zhou wu you kong，密文则为VG BOQ MIGX VX NGX AGFU。

第3关：854055（注意，这关你可以有自己的答案哟！）

第1关：

5岁的孩子说："老爷爷，这个房子我租了。

我没有孩子，我只带来两个大人。"房东听了哈哈大笑，就把房子租给他们了。这是运用了逆向思维。

第2关：

用一对一的对应原理，将方向相反的两只猴一对对地删除掉。剩下的就是答案了，结果一目了然：向左移动和向右移动的猴子一样多。

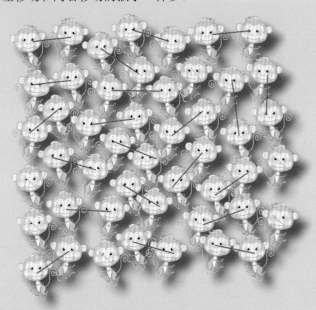

第3关：

此题判断中可能出现这样三种情况：①两黑一白；②两白一黑；③三白。如果是第一种情况，戴白帽子的学生一看便能说出自己戴的是白帽子，因为黑帽子共有两顶，都被别人戴了，剩下的只可能是白帽子。而实际情况是，三人睁眼互看了一下，踌躇了一下，没一人马上说出，这表明不是这第一种情况。三个人根据上面推理，共同排除了第一种情况。假如是第二种情况，如果其中有1人戴黑帽子，另外两人必定会立刻说出自己戴白帽子，而不会踌躇了一会儿，这种情况也不符合。那么，只有第三种情况的判断是正确的。因为三人均为难，说明谁也没有看见有人戴黑帽子。于是，3位聪明的学生才会异口同声地说出自己戴的是白帽子。

P204　数独游戏中的九宫格游戏答案

生龙活虎　　花好月圆　　龙马精神
老谋深算　　鸟语花香　　文武双全
小肚鸡肠　　耀武扬威　　青梅竹马

汉语拼音音序索引

中国儿童数学百科全书

CHILDREN'S ENCYCLOPEDIA OF MATHEMATICS

编辑委员会

主　　任：王渝生

顾　　问：金雅芬

编　　委：贺晓兴　程力华　余俊雄　陈效师
　　　　　王晓青　张光珞　刘金双　王　韧
　　　　　黄　颖　王　艳　张光璎　金玉俊
　　　　　樊雪红　汤　涛　王立岩　王　振
　　　　　史燕军　孟桂民　李兰瑛　戴　龙
　　　　　苏　立　张美勤　丁保龙　胡新春

执行主编：黄　颖

文字撰稿：余俊雄　熊若愚　王　艳　黄　颖

照片提供：全景网　新华通讯社　维基百科
　　　　　刘金双　王　辰　陈莎日娜

主要编辑出版人员

出 版 人：刘祚臣

策 划 人：海艳娟　黄　颖

特约编审：陈芳烈

责任编辑：牛　昭

美术编辑：张紫微

图片绘制：蒋和平　张　强

　　　　　钱　鑫　张紫微

封面设计：吾然设计工作室

排版设计：张紫微

责任印制：邹景峰